Python程序设计基础及应用

吴 菁 主编

何颂颂 陈 罡 副主编

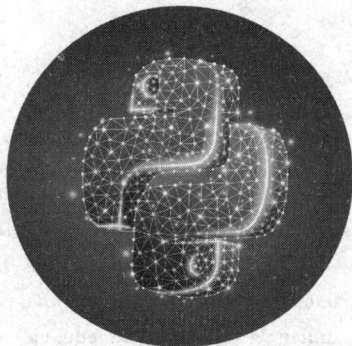

清华大学出版社

北 京

内 容 简 介

本书以中华人民共和国人力资源与社会保障部发布的"1＋X"《Python 程序开发职业技能等级标准》为编写依据,循序渐进地介绍 Python 基础知识、流程控制、函数、面向对象编程、文件处理及数据存取、网络爬虫、Scrapy 框架、数据可视化等内容,使读者能够系统、全面地掌握 Python 编程相关理论和应用。全书从实战出发,针对每个重要的知识点,设计"最小化"案例,并在每章中安排了拓展练习和习题,供读者巩固并检验学习成果。

本书可作为高等职业院校 Python 程序设计的教材,也可作为培训机构的培训教材或 Python 爱好者的自学参考书。

图书在版编目(CIP)数据

Python 程序设计基础及应用 / 吴菁主编. -- 北京:
清华大学出版社, 2025.1. -- ISBN 978-7-302-67905-9

Ⅰ. TP312.8

中国国家版本馆 CIP 数据核字第 20253R9570 号

责任编辑:孟毅新
封面设计:傅瑞学
责任校对:李 梅
责任印制:宋 林

出版发行:清华大学出版社
      网   址:https://www.tup.com.cn,https://www.wqxuetang.com
      地   址:北京清华大学学研大厦 A 座   邮   编:100084
      社 总 机:010-83470000   邮   购:010-62786544
      投稿与读者服务:010-62776969,c-service@tup.tsinghua.edu.cn
      质量反馈:010-62772015,zhiliang@tup.tsinghua.edu.cn
      课件下载:https://www.tup.com.cn,010-83470410
印 装 者:三河市少明印务有限公司
经   销:全国新华书店
开   本:185mm×260mm   **印 张:**13.25   **字   数:**318 千字
版   次:2025 年 2 月第 1 版   **印   次:**2025 年 2 月第 1 次印刷
定   价:42.00 元

产品编号:096532-01

前　言

为了贯彻落实《国家职业教育改革实施方案》的相关要求,帮助读者学习和掌握中华人民共和国人力资源与社会保障部发布的"1+X"《Python 程序开发职业技能等级标准》(以下简称《标准》)中涵盖的 Python 基础知识、流程控制、函数、面向对象编程、文件处理及数据存储、网络爬虫、Scrapy 框架、数据可视化等知识点,特组织编写了本书。本书共 9 章,基于读者的认知过程,设计循序渐进的学习内容。

本书按照《标准》所涉及的核心技能,从实战出发,针对每个重要的知识点,精心设计每个"最小化"案例,一点一例,由易到难,逐步深入。本书以能力目标为核心,以典型案例为主线,将知识寓于能力培养过程之中。

第 1 章讲解什么是 Python、Python 的发展史、Python 环境搭建和可视化集成环境(PyCharm)的安装。通过本章的学习,读者能独立搭建 Python 开发环境,并对 Python 开发有初步的认识,为后续的学习打好基础。

第 2 章讲解 Python 基础语法,包括注释、输入/输出函数、缩进规则、标识符命名、基础数据类型(数字、字符串)、结构数据类型(列表、元组、字典、集合)、运算符。通过本章的学习,读者能掌握 Python 中常见数据类型的操作方法,为后续的学习奠定扎实的基础。

第 3 章讲解 Python 流程控制(条件语句、循环语句)的语法。通过本章的学习,可帮助读者熟悉程序的基本处理流程,能灵活地运用流程控制语句控制代码的执行。

第 4 章讲解 Python 函数的定义与使用,以及系统内置函数和第三方模块的导入方式。通过本章的学习,读者能灵活地定义和使用函数,实现代码的封装。

第 5 章讲解面向对象的编程思路、类的定义与类的实例化、类的专有方法以及面向对象编程的三大特性。通过本章的学习,读者能理解面向对象的编程思想,能熟练地定义和使用类,并具备面向对象编程的能力。

第 6 章讲解文件处理及数据存取,包括 TXT 文件操作、JSON 文件的存取、NumPy 数组操作、Pandas 数据结构、XLSX 文件存取以及 MariaDB 数据库的操作。通过本章的学习,可帮助读者熟悉数据存储的方式,能够灵活使用 pandas/numpy 库进行基本数据预处理操作;通过 SQL 语句,能对 MariaDB 数据表进行增、删、改、查操作。

第 7 章先讲解了爬虫基础知识,然后讲解了运用 Requests 库进行数据采集,通过不同的方式(正则表达式、BeautifulSoup 库、Lxml 库和 XPath 语法)进行数据解析的方法。通过本章的学习,读者能进行简单的 Web 数据爬取与分析。

第 8 章讲解 Scrapy 框架组成、安装以及编写 Scrapy 爬虫。通过本章的学习,读者能掌握 Scrapy 的基本知识以及环境搭建的方法,能通过 Scrapy 爬取网页的数据。

第 9 章先讲解了图形组成、绘图方式,然后讲解了运用 Matplotlib 库实现数据可视化、绘制不同图形(线形图、柱状图、散点图、饼图、直方图)、在画布中绘制不规则的子图,以及通过词云图展示文中高频率出现的关键词的方法。通过本章的学习,读者能熟练运用 Matplotlib 库将数据进行图形化展示;能熟练运用 jieba、pillow、wordcloud 等第三方库将文件中高频的关键字以词云图的方式显示。

本书作为新形态教材,提供了 PPT 课件、教学大纲、习题答案、示例源码等配套教学资源,读者可以从清华大学出版社的官网下载。

本书可作为高等职业院校 Python 程序设计的教材,也可作为相关培训机构的教材和 Python 爱好者的自学参考书。读者可根据自己的方向定位选择不同的内容作为学习重点。

本书由吴菁任主编,何颂颂、陈罡任副主编。吴菁对全书进行了统稿工作。本书编写分工如下:第 1 章由何颂颂(宁波职业技术学院)编写,第 2 和第 3 章由陈罡(浙江机电职业技术学院)编写,其余章节由吴菁(宁波职业技术学院)编写。

本书在编写的过程中参考了大量文献,在此对各文献的作者表示衷心的感谢;同时还要感谢曾棕根老师,针对本书编写大纲构建提出了宝贵的建议。

本书提供教学相关的源代码,供读者学习参考使用,所有程序均经过作者精心调试。由于编者水平有限,书中难免有不足之处,敬请读者批评、指正。

编　者

2024 年 9 月

目　录

第1章　认知 Python

  Python 是一门高级编程语言,它的核心设计理念是让所有代码变得更易阅读,并给开发者提供一种仅仅几行代码就能实现编程逻辑的语法。

  Python 是一种面向对象的解释型的计算机程序设计语言。由于它的语法简洁清晰,具有丰富和强大的库,同时具有支持高移植等优势,目前越来越流行。比如,Quora、Pinterest、Spotify 这些项目的后端,都是使用 Python 开发的。Python 的最大优势是支持多种编程领域,如数据科学、Web 开发、机器学习。

1.1　Python 发展史

  Python 创始人是 Guido van Rossum(见图 1-1)。在 1989 年圣诞节,Guido van Rossum(吉多·范·罗苏姆)在荷兰阿姆斯特丹开发了一个新的解释程序。由于他是马戏团(Monty Python's Flying Circus)的爱好者,所以选 Python(蟒蛇)作为这个解释程序的名字。

图 1-1　Python 创始人 Guido van Rossum

  1991 年,Python 1.0.0 发布,该软件用 C 语言实现,能调用 C 语言的库文件。目前已更新至 Python 3.x 版本。需要注意的是,Python 3.x 不向下兼容。例如,Python 2.x 中 print 是命令,但 Python 3.x 中 print 是函数,这两种书写方式是不兼容的。

  2021 年,在 IEEE Spectrum 编程语言排行榜上,Python 位于榜单第一,成为世界上最受欢迎的语言,而 Java 和 C++ 语言则分别排名第二和第三,如图 1-2 所示。

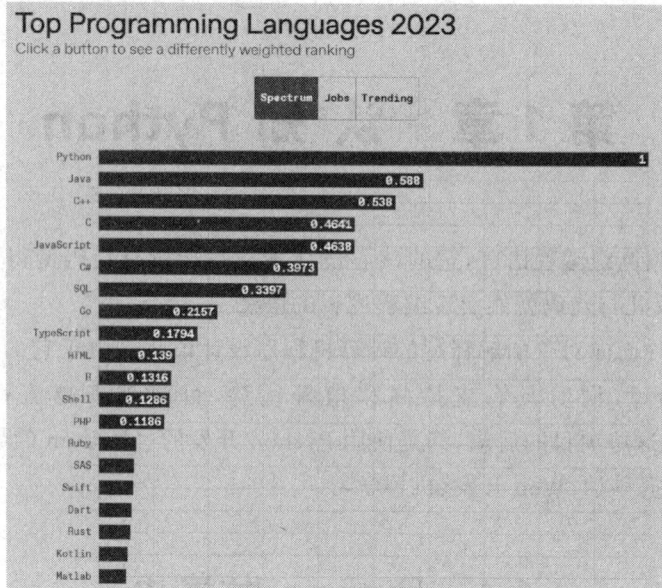

图 1-2　2023 年 IEEE Spectrum 编程语言排行榜

1.2　Python 的 特 色

　　Python 语言广泛应用于多种编程领域,无论对于初学者,还是在科学领域中具有一定工作经验的工作者,它都极具吸引力。其关键的特性如下。

　　(1) 简单。Python 遵循"简单、优雅、明确"的设计哲学,语法简单,容易上手。

　　(2) 高级。Python 是一种高级语言,相对于 C 语言,它牺牲了性能而提升了编程人员的效率,使程序员可以不用关注底层的细节,而把精力全部放在编程上。

　　(3) 面向对象。Python 既支持面向过程的编程,也支持面向对象的编程。在面向过程的编程语言中,程序是由过程或仅含可复用代码的函数构建起来的。在面向对象的编程语言中,程序是由属性和方法组合而成的对象构建起来的。

　　(4) 可扩展。Python 具有良好的可扩展性,如果用户希望一段关键代码运行得更快或某些算法不公开,可以把局部代码用 C 或 C++ 编写,然后在 Python 程序中调用它们。或者把 Python 代码嵌入 C 或 C++ 程序中,从而向其他用户提供相应的脚本功能。

　　(5) 免费开源。Python 是 FLOSS(自由/开源软件)之一,允许自由地发布软件的拷贝、阅读或修改其源代码,也可以将其一部分代码自由地应用于新的软件中。

　　(6) 边解释边执行。Python 是解释型语言,在 Python 安装文件夹下,会有一个 Python. exe 文件,它就是 Python 解释器,专门负责解释执行 Python 代码。解释器由一个编译器和一个虚拟机构成,编译器负责将源代码转换成中间代码(字节码),一旦程序编译为字节码,字节码便会被发送到 Python 虚拟机(Python virtual machine)中执行。

　　(7) 可移植。Python 可以跨操作平台运行,即 Python 程序的核心语言和标准库可以在 Linux、Windows 及其他带有 Python 解释器的平台上无差别地运行。

（8）丰富的库。Python 拥有许多功能丰富的库,比如,NumPy 用于科学计算、Pandas 用于数据分析、Matplotlib 用于图形绘制等。pip 也是 Python 的一个标准库,但比较特殊。通过 pip 可以管理 Python 其他的第三方库,如下载与安装。

1.3　Python 的应用领域

近几年,大数据和人工智能(AI)备受追捧,热度空前,而说起大数据和人工智能,总能发现 Python 的身影。人工智能与大数据的一个主要区别是,大数据是需要在数据变得有用之前进行清理、结构化和集成的原始输入,而人工智能(AI)指获取数据之后,利用相应的算法和技术,对数据进行分析,找出原因,从而解决实际问题。这使得两者有着本质上的不同。

大数据、人工智能应用程序,很多是基于 Python 开发的。Python 主要应用于网络爬虫、人工智能、网站开发、自动化运维等。其中网络爬虫又称网络蜘蛛,是指按照某种规则在网络上爬取所需内容的脚本程序。爬虫是搜索引擎的第一步,也是最容易的一步。

Python 面向岗位群:数据挖掘工程师、数据分析师、网站后端程序员、自动化运维、游戏开发者、自动化测试、机器学习等。

1.4　搭建 Python 开发环境

下面介绍在 Windows 操作系统中安装和运行 Python 的方式。

1.4.1　下载 Python 软件

从 Python 官网(https://www.python.org/)下载 Python 程序,如图 1-3 所示。这里包含了各种平台的安装包。假设本机安装了 Windows 64 位操作系统,推荐下载 Windows installer(64-bit)。本书下载的是 Python 3.12.2 版本。

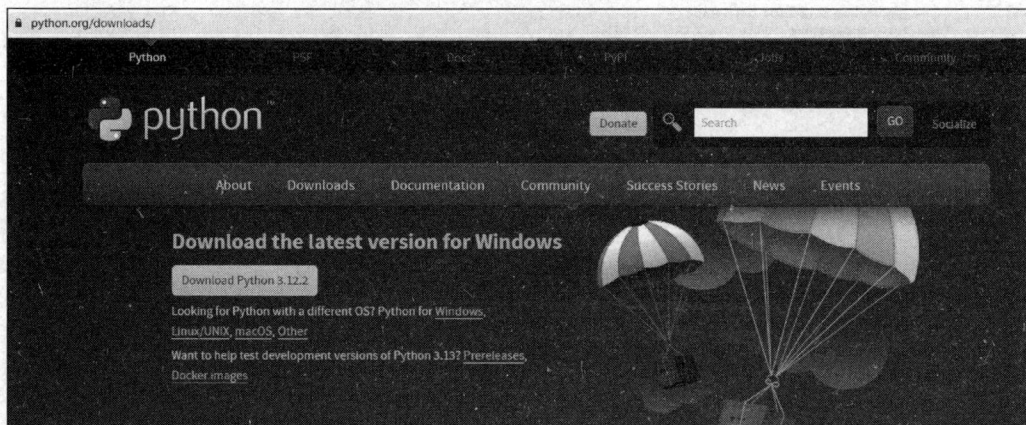

图 1-3　官网下载 Python

1.4.2 Python 软件安装

（1）双击运行下载的安装文件，弹出 Python 安装向导窗口，如图 1-4 所示。Python 提供了两种安装方式，即 Install Now（立刻安装）和 Customize installation（自定义安装）。这里选择 Customize installation 选项，并勾选 Add Python 3.12 to PATH 复选框。

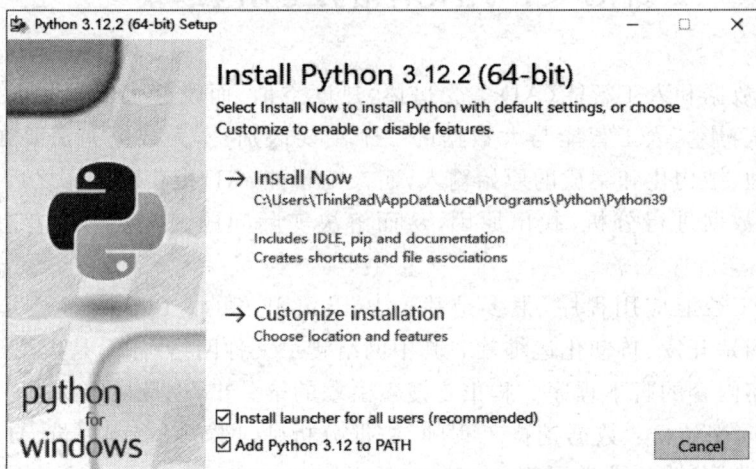

图 1-4　Install Python 界面

注意：这里需要勾选 Add Python 3.12 to PATH 复选框，将 Python 安装路径添加到环境变量中，方便后续直接在 Windows 命令提示符下运行 Python 3.12 解释器。如果没有勾选，则需要手动添加。

（2）如图 1-5 所示，在 Optional Features（可选功能）界面中，列出了可选的 Python 工具。Documentation 选项表示安装 Python 的帮助文档；pip 选项表示 pip 安装工具，用于下载安装 Python 的第三方库；td/tk and IDLE 选项表示安装 tkinter 和 Python 的集成开发环境（IDLE）；Python test suite 选项表示安装 Python 标准的测试库；后面两个选项则表示是否允许版本更新。默认情况下，勾选全部复选框，单击 Next 按钮。

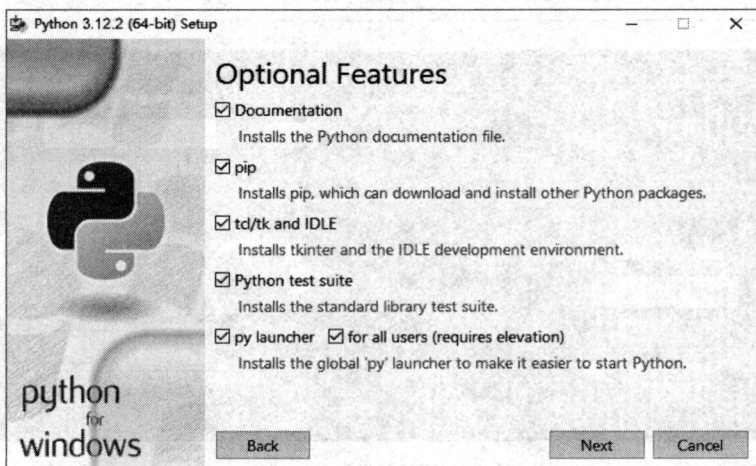

图 1-5　Optional Features 界面

（3）在弹出的 Advanced Options(高级选项)界面中，Install for all users 选项表示是否为全部用户安装 Python，不勾选表示只为当前用户安装；Associate files with Python(requires the py launcher)选项表示安装 Python 的相关文件；Create shortcuts for installed applications 选项表示为 Python 创建"开始"菜单选项；Add Python to environment variables 选项表示为 Python 添加环境变量；Precompile standard libray 选项表示预编译 Python 标准库；Download debugging symbols 选项表示下载调试标识；Download debug binaries(requires VS 2017 or later)选项表示下载 Python 可调试二进制代码。这些选项一般采用默认设置。

在 Customize install location 文本框中，可修改安装路径（如 C:\Python39），其余采用默认设置，如图 1-6 所示。单击 Install 按钮执行下一步安装。

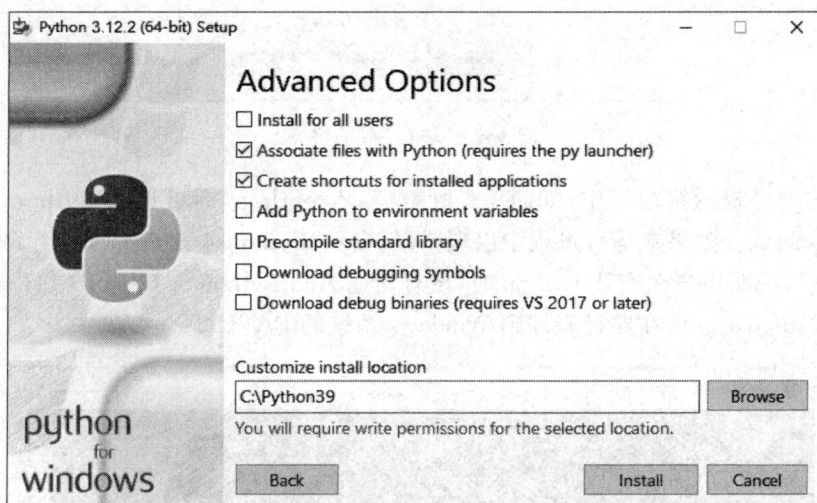

图 1-6　Advanced Options 界面

（4）等待安装完之后，会弹出安装成功的界面，如图 1-7 所示。

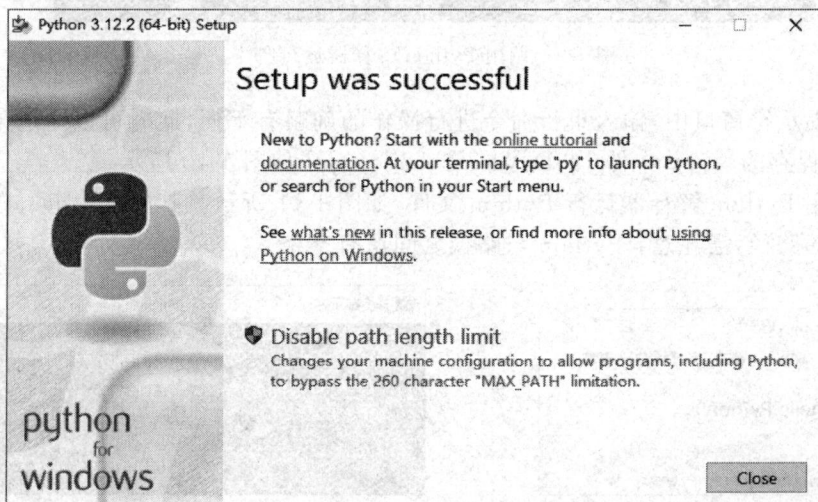

图 1-7　Python 安装成功界面

5

1.4.3 运行 Python 代码

安装完成后,即可运行 Python,常见方法有以下 3 种。

1. 使用 Windows 命令提示符工具

打开"运行"对话框(Win+R),输入 cmd,如图 1-8 所示,单击"确定"按钮。

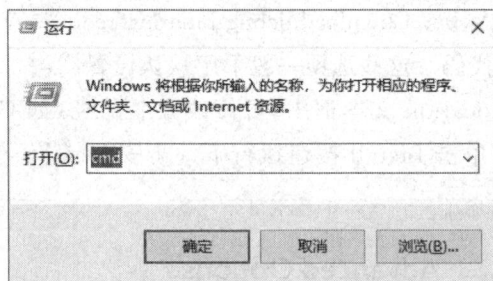

图 1-8 "运行"对话框

在打开的命令提示符窗口中,如图 1-9 所示,输入 python,即可进入 Python 运行环境,实现单行命令调试。如果在运行过程中出现错误,提示"Python 不是内部或外部命令,也不是可运行的程序",说明用户在安装 Python 时,没有勾选 Add Python 3.12 to PATH 复选框。解决方案是将 Python.exe 所在路径添加到 Windows 系统的 PATH 环境变量中。

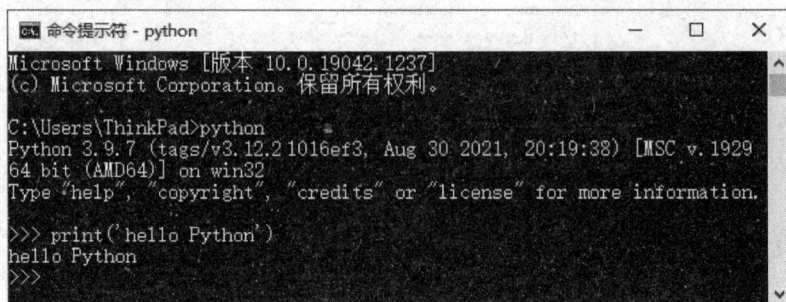

图 1-9 调用 Python 解释器运行脚本

在命令提示符窗口中,输入单行命令进行操作的确略有不便,此时可以通过记事本先把 Python 代码保存为 *.py 文件(如 D:\demo\hello.py),如图 1-10 所示。

然后调用 Python 解释器运行 Python 文件,如图 1-11 所示。其中"d:\demo\hello.py"为文件保存的路径,需注意:Python 与路径之间留有空格。

图 1-10 Python 源文件

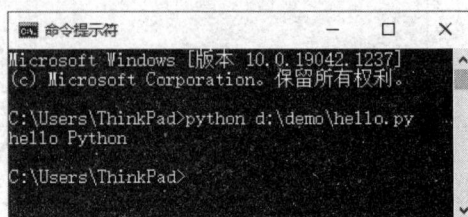

图 1-11 解释器运行 Python 文件

2. 使用 Python 自带的命令行窗口

当在 Windows 系统中安装好 Python 后,可以在"开始"菜单中找到 Python 自带的命令行窗口命令 Python 3.12(64-bit)。如图 1-12 所示,单击打开 Python 3.12(64-bit),弹出窗口如图 1-13 所示,其具有的功能类似 Windows 命令提示符工具。

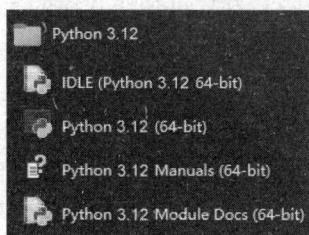

图 1-12   Python 3.12 菜单   图 1-13   Python 3.12(64-bit)窗口

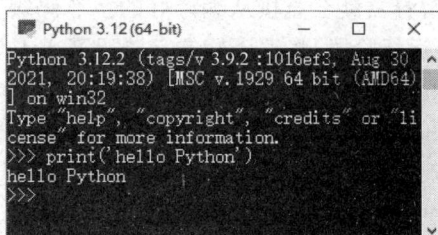

3. 使用 Python 集成开发环境(IDLE)

IDLE 打开方式与 Python 3.12(64-bit)命令行的打开方式是一样的。在 Windows 系统的"开始"菜单中,找到 IDLE(Python 3.12 64-bit)。IDLE 是在 Windows 系统中运行的 Python 解释器(包括调试功能),操作界面如图 1-14 所示。在 IDLE 集成开发环境中,可执行单行命令,也可以通过 File 菜单创建或打开 Python 文件进行调试或执行。

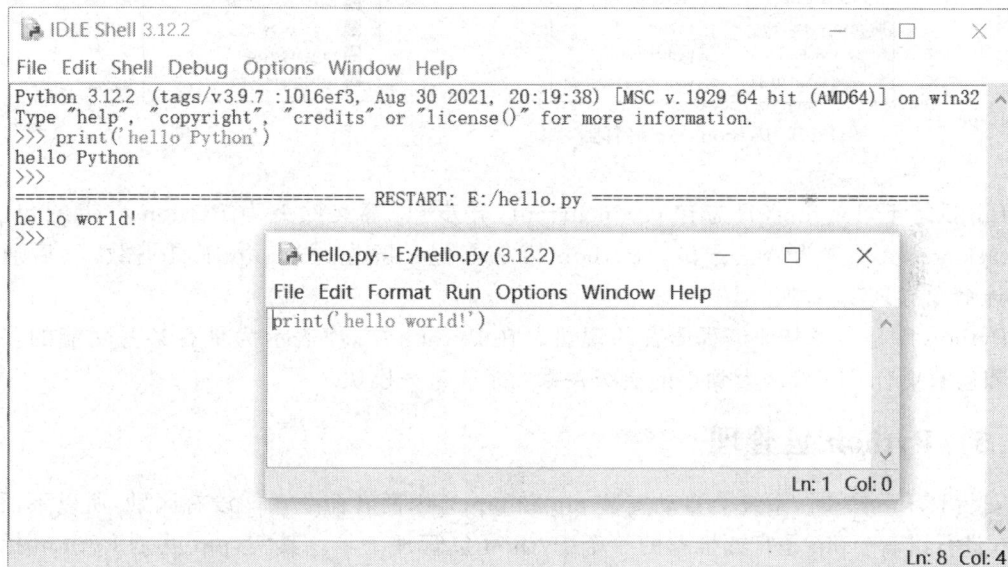

图 1-14   IDLE 界面

1.4.4   Python 运行机制

Python 是一种解释型的语言。运行时,需要一个 Python 解释器以及支持程序运行的库(系统内置库或第三方库)。

1. Python 解释器

安装文件夹下的 python.exe 文件即为解释器,如图 1-15 所示。它是 Python 的核心,

7

由编译器和虚拟机组成,负责解释执行 Python 代码。

开发人员编写源代码后,首先是编译阶段。运行程序时,编译器先把 Python 源代码解释成不同运行环境执行的字节码(.pyc 文件),默认保存在 Python 安装文件夹下的 Lib/__pycache 文件夹下。当再次运行该代码时,解释器首先判断该代码是否被改变过。如果没有,解释器就会直接从编译好的字节码缓存中调取执行,这样可加快程序的运行速度。

其次是运行阶段,将编译好的字节码载入 Python 虚拟机(Python virtual machine)中运行。

2. Python 模块/包/库

模块(module)是一个以.py 结尾的 Python 文件,内含 Python 对象定义和 Python 语句。Python 包作为一个文件夹存在,里面包含__init__.py 文件、.py 文件(模块)以及子包。

若文件中需引入系统自带的 urllib 包中的 request.py 模块,如图 1-16 所示,则要指明包的路径,在路径中使用点号(.)分隔目录,对应命令如下。

```
>>> import urllib.request
```

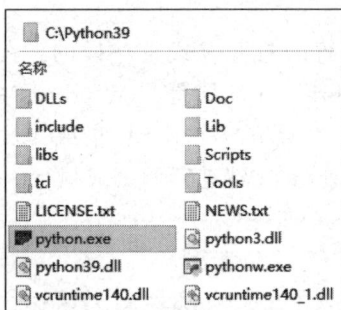

图 1-15　Python.exe 解释器

图 1-16　urllib 包

Lib 目录下,logging(日志包)、concurrent(异步包)等文件夹为 Python 自带的包,而 site-packages 文件夹为第三方包。Python 第三方包一般先通过 pip 工具下载,然后通过 import 命令导入项目中。

Python 库是参考其他编程语言的说法。在 Python 中,库表示为具有某些功能的多个模块和包的集合。三者从大到小的层级关系:库→包→模块。

1.4.5　Python 包管理

安装 Python 3 时,系统会自动安装 pip 和 pip 3,因两者命令功能没有区别,所以下面只对 pip 进行讲解。pip 是官方推荐的一个 Python 包管理工具。其实,pip 就是 Python 标准库中的一个包,只是这个包比较特殊,可以用它来管理 Python 标准库中其他的包。

PyPI(the Python package index,Python 包索引)是 Python 编程语言的软件存储库。通常,可以通过 pip 下载这上面的 Python 包,也可以在上面发布自己的包。

为了确保 pip 可用,可通过检测 Python 和 pip 版本的方式进行验证。如图 1-17 所示,正常显示版本号说明已安装可使用。

在学习 Python 的过程中,经常会遇到 pip 版本过低的问题。解决方法是执行 pip 升级命令:python -m pip install --upgrade pip。安装成功后,系统会提示卸载了旧版本并且安装了最新版本的 pip,如图 1-18 所示。

```
Microsoft Windows [版本 10.0.19042.1237]
(c) Microsoft Corporation。保留所有权利。

C:\Users\ThinkPad>python --version
Python 3.12.2

C:\Users\ThinkPad>pip --version
pip 21.2.3 from C:\Python39\lib\site-packages\pip (python 3.12)

C:\Users\ThinkPad>
```

图 1-17　检测 Python 和 pip 是否可用

```
C:\Users\ThinkPad>python -m pip install --upgrade pip
Requirement already satisfied: pip in c:\python39\lib\site-packages (21.2.3)
Collecting pip
  Using cached pip-21.2.4-py3-none-any.whl (1.6 MB)
Installing collected packages: pip
  Attempting uninstall: pip
    Found existing installation: pip 21.2.3
    Uninstalling pip-21.2.3:
      Successfully uninstalled pip-21.2.3
Successfully installed pip-21.2.4
```

图 1-18　升级 pip

通过 pip 安装第三方库(包),主要有以下 3 种途径。

(1) 通过国外镜像网站(PyPI)进行安装。PyPI 官网(https://pypi.org/)提供了统一的 Python 包托管,网上代码开源免费。使用 pip install 可以很方便地从 PyPI 上搜索下载并安装 Python 的第三方库。

例如,jieba 是一款优秀的 Python 第三方中文分词库,常见的操作命令如图 1-19 所示。

```
C:\Users\ThinkPad>pip install jieba
Collecting jieba
  Using cached jieba-0.42.1.tar.gz (19.2 MB)
Using legacy 'setup.py install' for jieba, since package 'wheel
' is not installed.
Installing collected packages: jieba
    Running setup.py install for jieba ... done
Successfully installed jieba-0.42.1

C:\Users\ThinkPad>pip list
Package            Version
------------------ ---------
certifi            2021.10.8
charset-normalizer 2.0.6
idna               3.2
jieba              0.42.1
pip                21.2.4
requests           2.26.0
setuptools         57.4.0
urllib3            1.26.7

C:\Users\ThinkPad>pip uninstall jieba
Found existing installation: jieba 0.42.1
Uninstalling jieba-0.42.1:
  Would remove:
    c:\python39\lib\site-packages\jieba-0.42.1-py3.9.egg-info
    c:\python39\lib\site-packages\jieba\*
Proceed (Y/n)? y
  Successfully uninstalled jieba-0.42.1

C:\Users\ThinkPad>
```

图 1-19　jieba 库的安装与卸载

从 PyPI 安装库：pip install jieba。

列出已经安装的库：pip list。

卸载已安装的库：pip uninstall jieba。

（2）通过国内镜像进行安装。pip 默认使用的是国外的镜像源，下载速度非常慢，严重影响工作效率。下载时，也可以进行换源安装，使用 pip 国内的一些镜像。常用的国内源如下。

阿里云：http://mirrors.aliyun.com/pypi/simple/。

豆瓣：http://pypi.douban.com/simple/。

清华大学：https://pypi.tuna.tsinghua.edu.cn/simple/。

中国科学技术大学：http://pypi.mirrors.ustc.edu.cn/simple/。

华中科技大学：http://pypi.hustunique.com/。

使用方法：在使用 pip 时，加上参数-i 和镜像地址。

例如，使用清华镜像源安装 jieba 包的命令如下。

```
pip install jieba - i https://pypi.tuna.tsinghua.edu.cn/simple
```

（3）通过本地文件进行安装。如果曾经下载过 Python 的 .whl（或者 .tar.gz）文件，则可进行离线安装。

例如，从 PyPI 下载 jieba-0.42.1.tar.gz 文件（如图 1-20 所示）保存在 D 盘，则离线安装命令如下。

```
pip install d:\jieba - 0.42.1.tar.gz
```

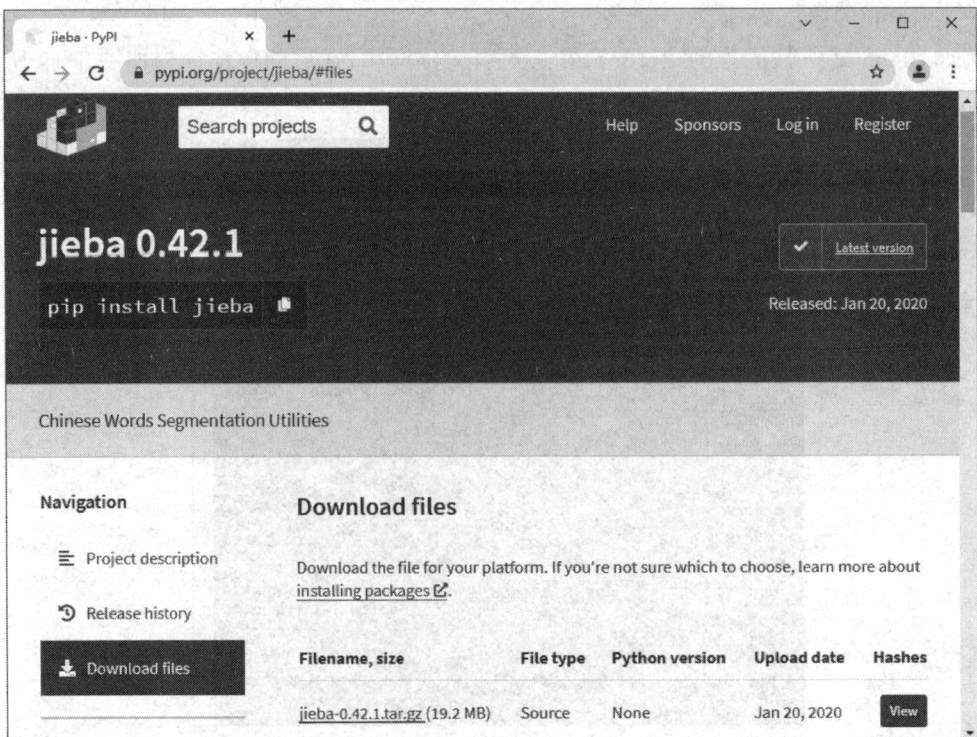

图 1-20　PyPI 下载

安装 jieba 包后，进入 Python 环境，用 import jieba 测试是否能导入，若图 1-21 中显示无错，则表示安装已成功。

图 1-21   在本地安装第三方库 jieba

1.5   使用 PyCharm 集成开发环境

PyCharm 是一种 Python IDE(integrated development environment，集成开发环境)，带有一整套可以帮助用户在使用 Python 语言开发时提高其效率的工具，如调试、语法高亮、项目管理、代码跳转、智能提示、自动完成、单元测试、版本控制。此外，该 IDE 提供了一些高级功能，以用于支持 Django 框架下的专业 Web 开发。

1.5.1   PyCharm 的下载

PyCharm 官方下载地址为 https://www.jetbrains.com/pycharm/download，页面如图 1-22 所示。

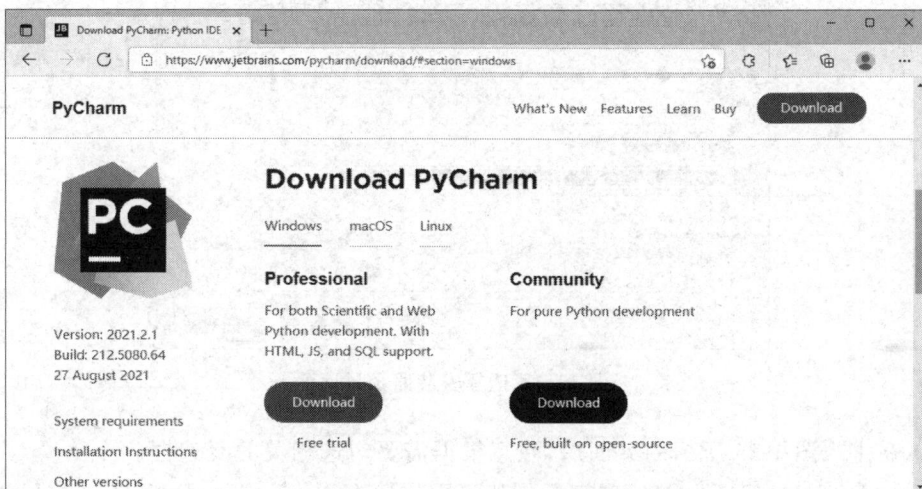

图 1-22   PyCharm 官网下载页面

要下载 PyCharm，以 Wondows 操作系统为例，直接单击 Download 按钮即可。从图 1-22 中可以看到有两个版本，分别是 Professional（专业版）和 Community（社区版）。Professional 只能免费试用 30 天，而 Community 是免费的，基本可满足日常开发需求。

1.5.2　PyCharm 的安装

因为使用的计算机是 64 位操作系统，故下载了 64 位的 pycharm-community-2021.1.1.exe。安装步骤如下。

（1）双击安装包打开安装向导，如图 1-23 所示，然后单击 Next 按钮。

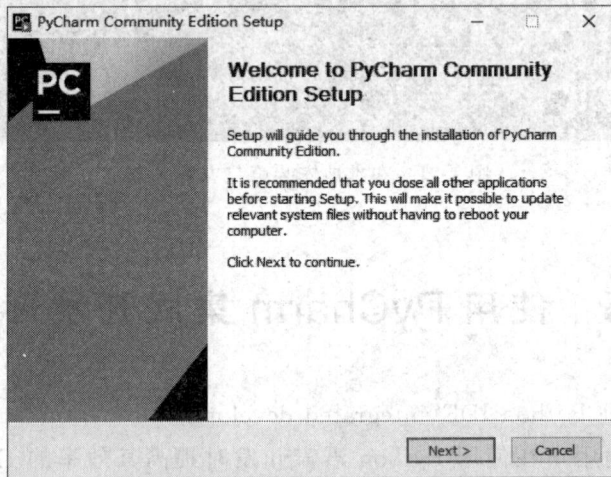

图 1-23　安装欢迎界面

（2）在弹出的界面中，可自定义安装路径，也可以采用默认选项，如图 1-24 所示。

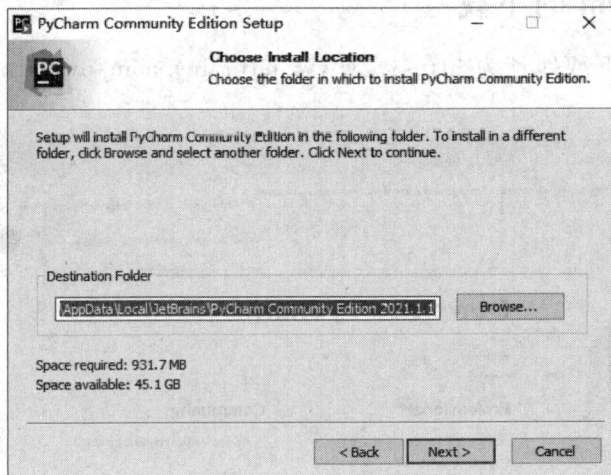

图 1-24　选择安装路径界面

（3）在进入图 1-25 所示的界面后，注意根据需要勾选相关的复选框。

Create Desktop Shortcut 选项表示创建桌面快捷方式；Update PATH variable(restart needed)选项表示更新路径变量（需要重新启动），将启动器目录添加到路径中；Update

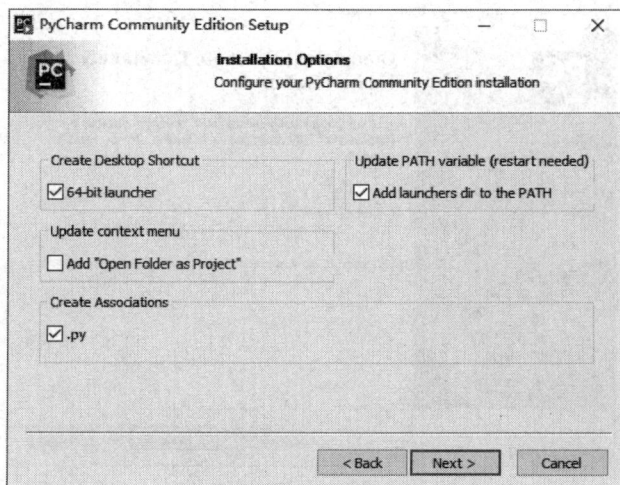

图 1-25　安装选项界面

context menu 选项表示更新上下文菜单，添加打开文件夹作为项目；Create Associations 选项表示建立与.py 文件的关联，即双击.py 文件时使用 PyCharm 打开。

（4）单击 Next 按钮，弹出的界面如图 1-26 所示，设置 PyCharm 在 Windows 系统的"开始"菜单中的菜单文件夹，默认名称为 JetBrains。

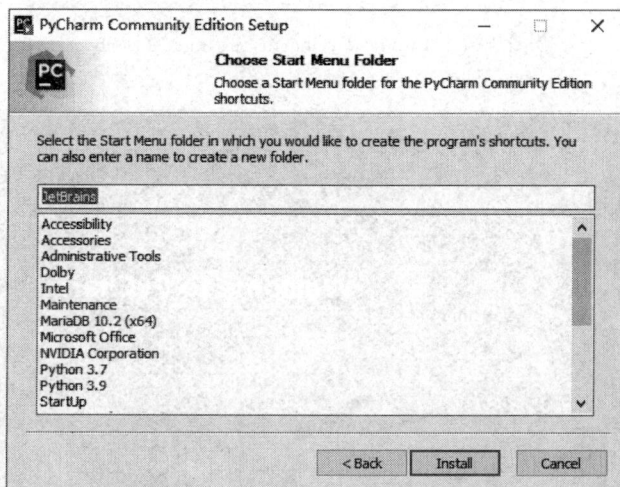

图 1-26　选择"开始"菜单文件夹界面

（5）单击 Install 按钮，弹出界面如图 1-27 所示。选择立刻重启或稍后重启均可。

1.5.3　PyCharm 的使用

（1）第一次启动 PyCharm，可选择 Do not import settings 单选按钮不导入设置，如图 1-28 所示。

（2）单击 OK 按钮弹出 PyCharm 界面，如图 1-29 所示。单击 New Project 按钮创建新项目。

图 1-27　安装完成界面

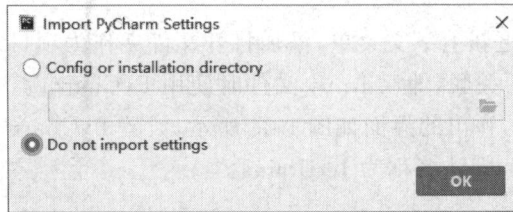

图 1-28　Import PyCharm Settings 对话框

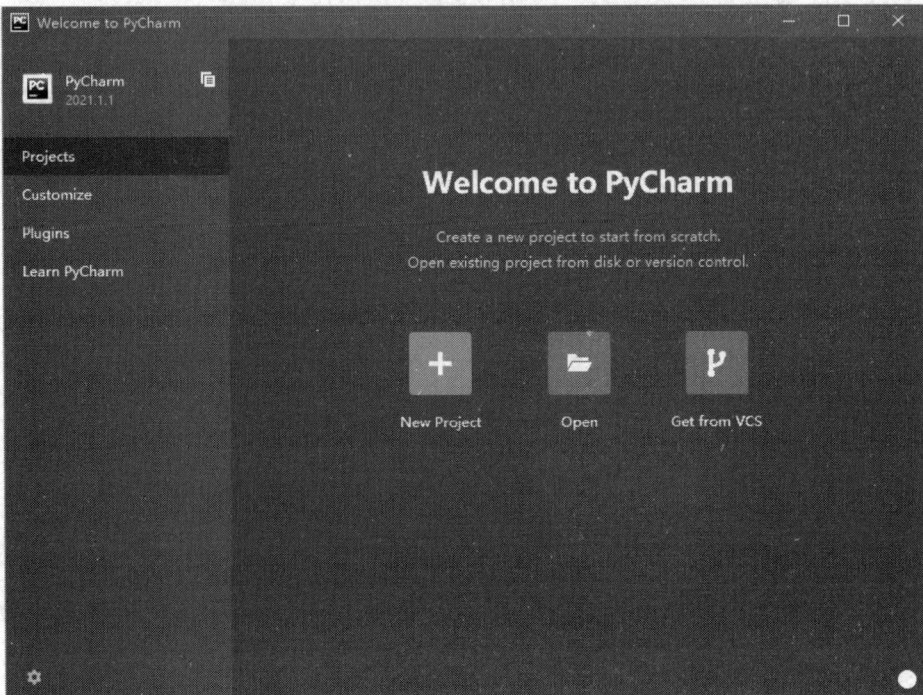

图 1-29　PyCharm 运行界面

（3）打开 New Project 窗口，自定义存储路径以及设置 Python 解释器路径，操作界面如图 1-30 所示。

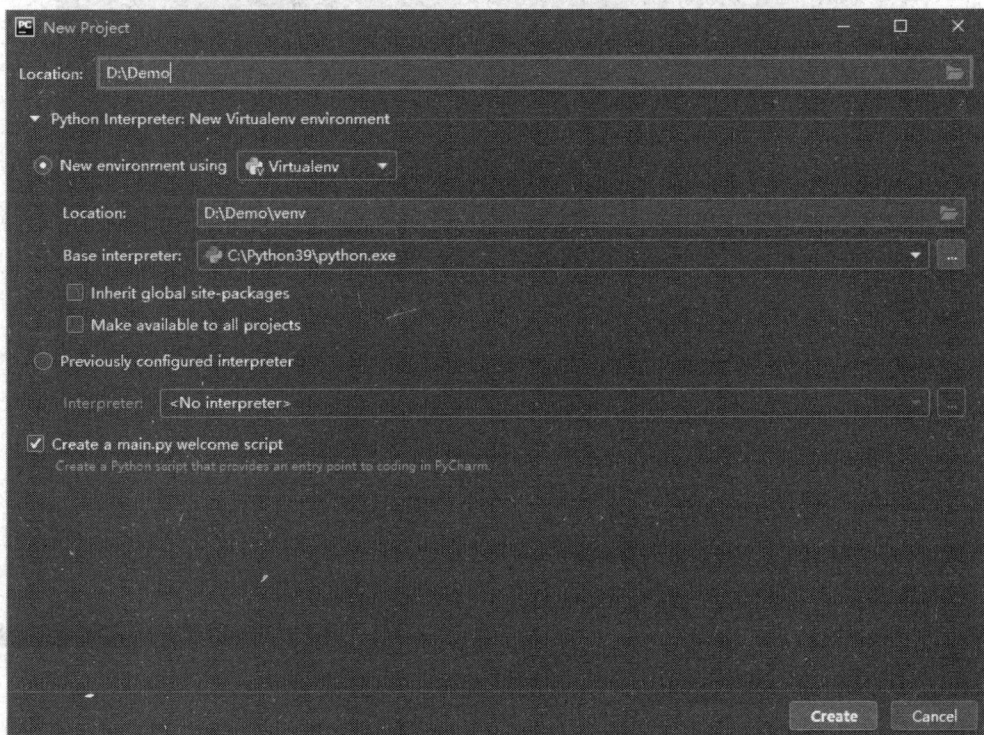

图 1-30　New Project 窗口

（4）在弹出的 Tip of the Day 对话框中，勾选 Don't show tips 复选框，启动时不显示提示，如图 1-31 所示。

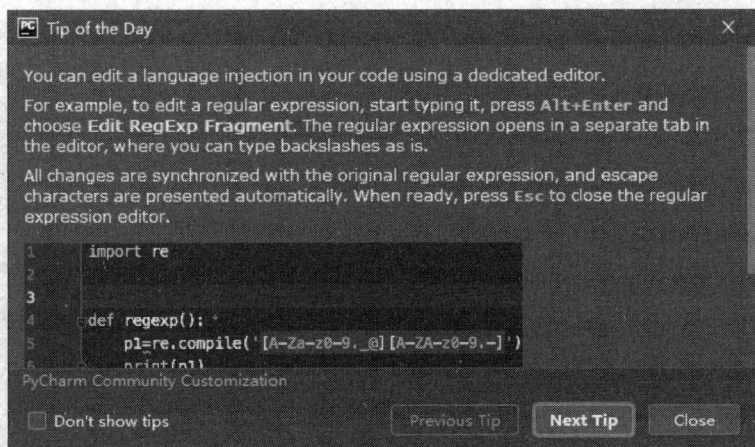

图 1-31　Tip of the Day 对话框

（5）单击 Close 按钮，进入 PyCharm 界面，如图 1-32 所示。单击左侧的图标，可显示或隐藏功能侧边栏。

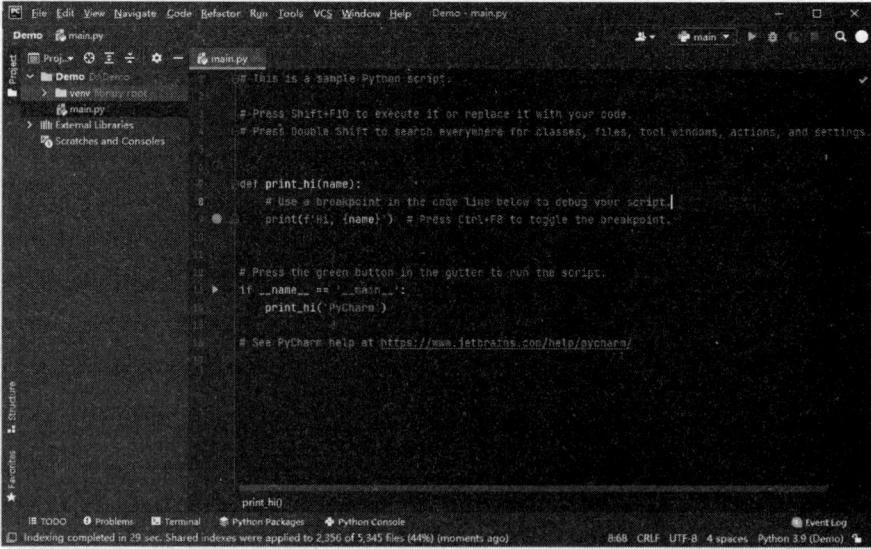

图 1-32　PyCharm 界面

（6）右击项目名 Demo，选择 New→Python File 菜单命令，弹出如图 1-33 所示的对话框。输入文件名(1-2. py)后，直接按 Enter 键，即可创建 Python 程序文件。

Python 编辑界面如图 1-34 所示。

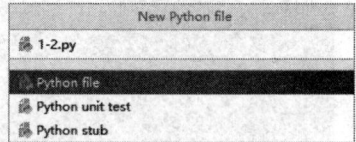

图 1-33　输入文件名

1.5.4　界面设置

选择 File→Settings 菜单命令，界面设置选项主要在 Appearance 和 Editor 目录下。Appearance 主要用于设置整个 Pycharm 的主题，如图 1-35 所示。其中 Theme 用于设置主题风格，默认值为 Darcula(黑色背景)。当前把主题风格修改为 Windows 10 Light。

图 1-34　Python 程序文件编辑界面

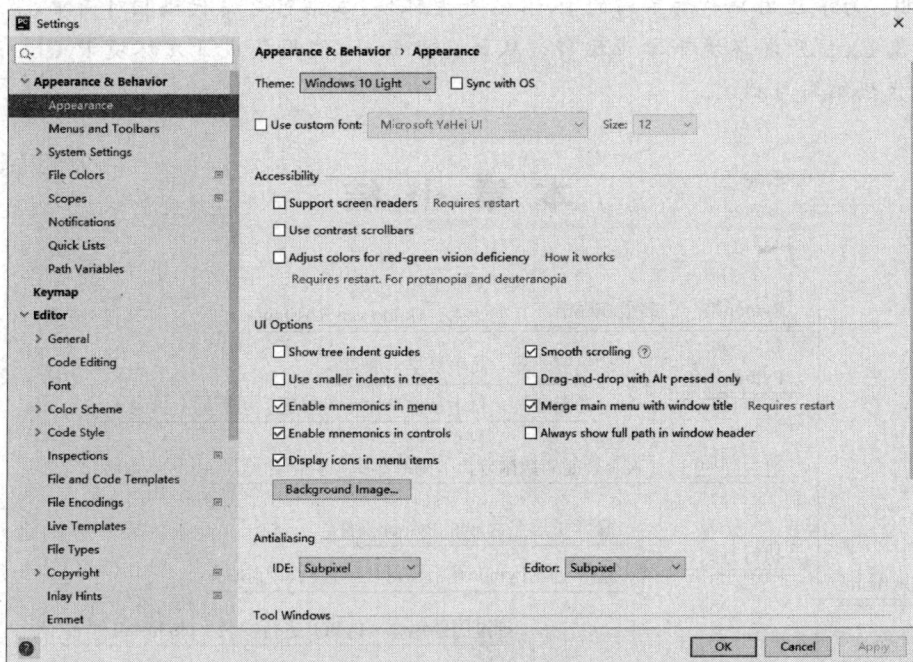

图 1-35　Settings 对话框

Editor 选项可以设置字体名称、字体大小、字体行距以及颜色等，如图 1-36 所示。Editor 目录下 Font 界面中的默认字体为 JetBrains Mono，字体大小为 13。当前把字体修改为 Microsoft YaHei。

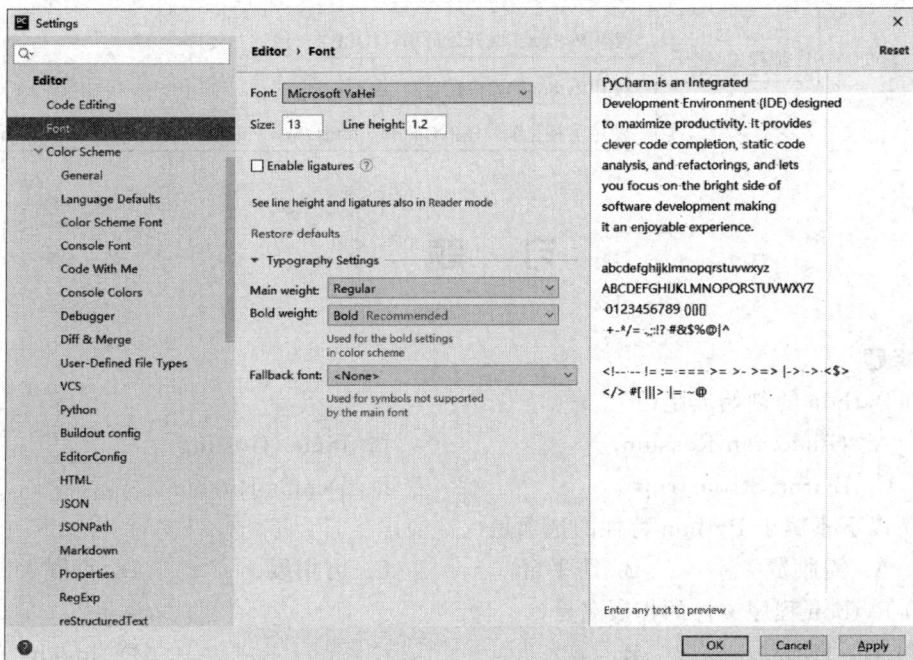

图 1-36　Editor 选项设置界面

说明：为了让用户熟悉不同的 Python 开发环境，本书第 2 章代码相对简单，调试将在 Python 3.12.2 开发环境下单步运行。从第 3 章开始，使用集成开发环境 PyCharm 进行 Python 代码编写与测试。

本 章 小 结

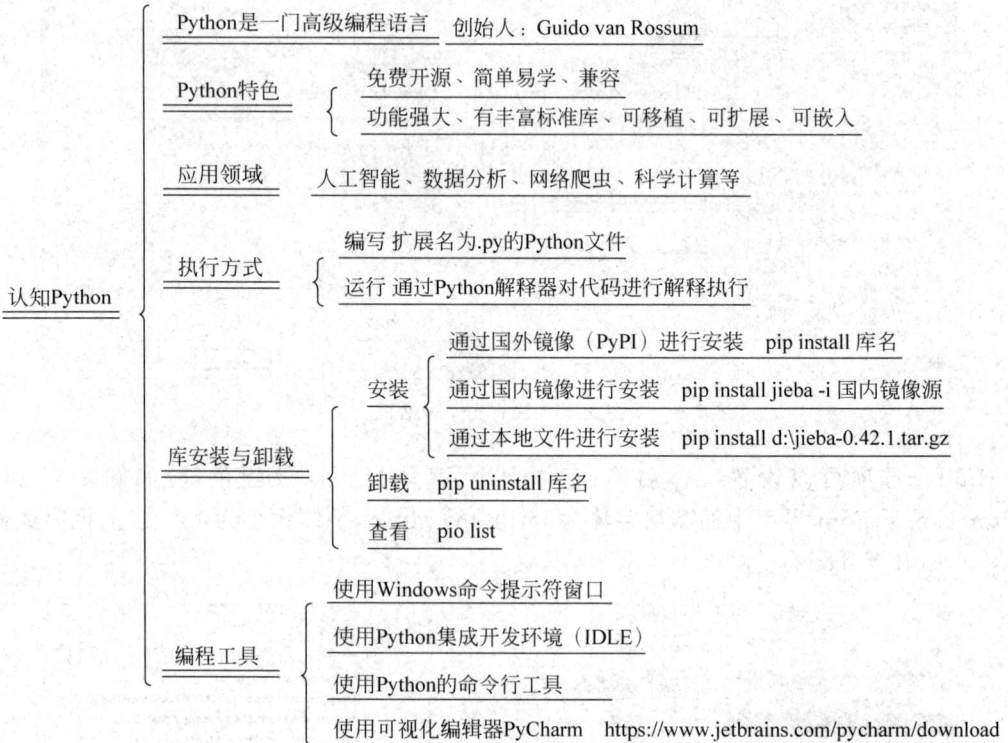

习 题 1

选择题

（1）Python 的创始人是（ 　　 ）。

    A. Guido van Rossum   B. James Gosling

    C. Bjarne Stroustrup   D. Dennis Ritchie

（2）以下不属于 Python 特性的选项是（ 　　 ）。

    A. 需收费   B. 跨平台   C. 可拓展   D. 可嵌入

（3）Python 程序文件的扩展名是（ 　　 ）。

    A. .Python   B. .p   C. .py   D. ipynb

（4）Python 源程序执行的方式是（　　）。

    A. 编译执行　　　　B. 解释执行　　　　C. 直接执行　　　　D. 边编译边执行

（5）下面关于 pip 工具的描述,错误的是（　　）。

    A. 使用 pip 升级科学计算库 NumPy 的完整命令是 pip install --upgrade numpy

    B. 使用 pip 工具查看当前已经安装的 Python 库的命令是 pip list

    C. Python 安装科学计算库 NumPy 的命令是 pip install numpy

    D. pip 只支持在线安装第三方库,不支持离线安装

（6）在命令提示符窗口安装第三方库 jieba 的命令是（　　）。

    A. install jieba　　　　　　　　　　B. uninstall jieba

    C. pip install jieba　　　　　　　　D. pip uninstall jieba

（7）安装好 Python 开发环境之后,不属于其运行方式的是（　　）。

    A. 浏览器中运行　　　　　　　　　　B. 在 Windows 命令提示窗口中运行

    C. 在 Pycharm 中运行　　　　　　　　D. 在 Python 自带的命令行窗口中运行

第 2 章　Python 基础知识

2.1　Python 固定语法

2.1.1　代码注释

1. 什么是注释

注释是对程序的解释说明，它可以出现在程序的任何位置。Python 编译器运行时，会自动忽略所有的注释，也就是说注释不会影响程序的执行结果。

2. 注释应用场合

注释对于机器编程来说是必不可少的。在实际应用开发中，程序员常常面对成千上万行晦涩难懂的代码。如果在编程过程中对代码进行注释，可以帮助自己理清代码逻辑，方便调试程序。团队合作开发时，添加适当的注释，可以减少团队成员之间的沟通成本。代码维护时，添加注释，可以减少他人的使用成本。

3. 注释分类

1）单行注释

单行注释通常以井号（#）开头，语句可以出现在程序任何位置。

```
# 这是一个单独成行的注释
>>> print('hello world!')              # 这是一个写在代码后面的备注
```

2）多行注释

多行注释使用三个单引号（'''）或者三个双引号（"""）将注释包含起来。例如：

```
'''
多行注释使用 3 个单引号
多行注释使用 3 个单引号
多行注释使用 3 个单引号
'''
```

当需要应用一段 HTML 代码或者 SQL 语句时，如果使用特殊字符串转义，将会非常烦琐，三引号正好可以解决这个问题。例如，以下是一段爬虫代码。

```
>>> from bs4 import BeautifulSoup
>>> html_doc = '''
  < html >
  < head >
      < meta charset = "UTF - 8">
      <title>百度一下,你就知道</title>
  </head >
   < body >
      < div id = "main"> Python bs4 的使用</div >
```

```
      </body>
      </html>
      '''
>>> sp = BeautifulSoup(html_doc,'html.parser')
>>> print(sp.text)
```

说明：运行爬虫代码,需安装 BeautifulSoup 库,命令为 pip install beautifulsoup4。

3）特殊注释

Python 3.x 安装后,系统默认其编码方式为 UTF-8 编码。在此编码下,全世界大多数语言的字符都可以同时在字符串和注释中得到准确编译。

大多数情况下,通过编译器编写的 Python 程序默认保存为 UTF-8 编码的文件,系统通过 Python 执行该文件时就不会出错。如果使用编译器不支持 UTF-8 编码的文件,或者团队合作时,有人使用了其他编码方式,Python 3.x 就无法自动识别该脚本文件,就会造成程序执行的错误。这时对 Python 脚本文件进行编码声明就显得尤为重要。

此时只须在文件开头加入一行特殊的注释行即可。通常使用的编码格式如下。

```
>>> # - * - coding: UTF - 8 - * -
```

当然,使用其他形式的声明如 # encoding＝utf-8 也可以,但要注意"# coding＝utf-8"中的"＝"号两边不能有空格。

2.1.2　输入输出函数

1. 输入函数

在 Python 中,可以通过系统内置函数 input()实现从键盘输入数据,其语法格式如下。

```
input([prompt])
```

其中,参数 prompt 是一个字符串,用于提示用户输入数据。需要注意的是,input()函数的返回值是一个字符串类型的数据,例如：

```
>>> userName = input('请输入你的姓名:')
请输入你的姓名:
```

首先运行等号(＝)右边的 input()函数,将参数值"请输入你的姓名:"作为提示内容,要求用户输入数据。当用户输入数据后,input()函数会把输入的数据以字符串的形式传给等号左边的变量 userName。

2. 输出函数

print()函数的用途是打印输出数据,其语法格式如下。

```
print(object(s)[,sep = 'separator',end = 'end'])
```

print()函数的参数之间用逗号隔开。Python 在执行 print()函数时,首先将任何对象 objects 用分隔符 separator 进行分隔,然后打印出来。separator 的默认值为' '。输出完成后,自动添加终止符 end。end 默认为换行符(\n),所以下一次执行 print()函数,会输出在下一行。

```
>>> print('hello world')
hello world
>>> print('hello','world')                    #默认值为一个空格
```

21

```
hello world
>>> print('hello','world',sep = ' - ')              ♯用" - "分隔多个输出值
Hello - world
```

2.1.3 缩进规则

Python 与其他语言最大的区别是使用缩进来表示代码块的逻辑层次,不需要使用花括号"{}"来控制类、函数以及其他代码的逻辑层次判断。

```
>>> if True:
        print ('True')
    else:
        print ('False')
```

同一代码块的语句必须保证相同的缩进空格数,否则将会出错。至于缩进的空格数,Python 并没有硬性要求,只须保持空格数一致即可,也可以使用 Tab 键快速设置 4 个空格。以下是错误代码示范。

```
>>> if True:
        print('answer')
        print('True')
    else:
        print('answer')
    print('False')              ♯ 没有严格缩进,在执行时会报错
```

最后一行的代码缩进空格数与其他行不一致,会导致代码运行出错,提示:IndentationError:unindent does not match any outer indentation level。

在交互式输入复合语句时,必须在最后一行添加空行来标识结束。当代码过于复杂时,解释器将难以判断代码块从何结束,如果添加空行,也可方便用户进行查阅和理解。

2.1.4 多行语句

多行语句可以有两种理解:一条语句写多行;一行写多条语句。

1. 一条语句写多行

可以使用反斜线(\)将一行的语句分为多行显示,例如:

```
>>> total = item_one + \
        item_two + \
        item_three
```

在语句中,若包含[]、{}或(),就不需要使用多行连接符,例如:

```
>>> days = ['Monday', 'Tuesday', 'Wednesday',
    'Thursday', 'Friday']
```

2. 一行写多条语句

一行写多条语句,通常在短语句中应用比较广泛。使用分号(;)可对多条短句实现分隔,从而在同一行实现多条语句的书写。

```
>>> a = 1;b = 9;c = 7
>>> a
1
```

2.2　变　　量

2.2.1　什么是变量

变量是一个存储值的容器,但它不是真正存储某个具体值,而是指向内存空间某个特定值的地址,并且可以改变这个地址。要创建一个变量,首先需要一个变量名和变量值(数据),然后通过赋值语句将值赋给变量。需要注意的是,使用变量前,必须经过赋值。

首次给变量赋值(如 x=1),其运行原理是在机器内存中,系统会自动给 x 分配一块内存,用于存储变量值 1,变量 x 就指向数值 1 的内存地址,如图 2-1 所示。

一旦变量值发生改变(如 x=22),系统将会重新分配另外一个内存空间存放新的变量值 22,变量 x 重新指向数值 22 的内存地址,如图 2-2 所示。

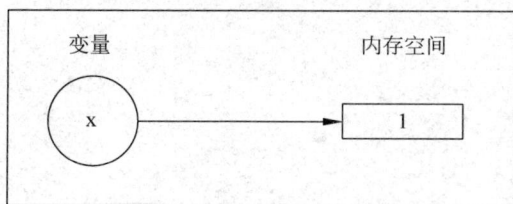

图 2-1　变量 x=1 存储示意图　　　　　　图 2-2　变量 x=22 存储示意图

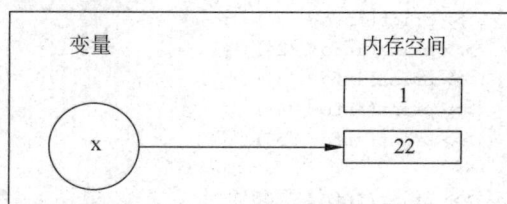

2.2.2　定义变量

在 Python 中,经常需要大量的变量来存储程序中用到的数据,所以变量的赋值语句也会在程序中大量出现。赋值语句的语法格式如下。

变量 = 表达式

Python 中的变量不需要提前声明。创建时直接对其赋值即可。变量类型由赋给变量的值决定,每个变量在使用前都必须赋值。变量赋值以后,该变量才会被创建。

1) 单个变量赋值

例如,声明一个变量 a,并且赋值为 5。

```
>>> a = 5
```

2) 多个变量赋值

Python 允许同时为多个变量赋值。例如:

```
>>> a = b = c = 1
```

运行结果:三个变量 a、b、c 值都为 1。

也可以将多个值分别赋给多个变量,例如:

```
>>> a, b, c = 1, 2, 'Mike'
```

以上示例中,1 和 2 分别赋给变量 a 和 b,字符串'Mike'赋给变量 c。

2.2.3　变量的作用

使用变量,可方便程序员维护程序,也可节约系统存储空间。

例如,优化以下代码中的提示内容。

```
>>> print('你学习强国的成绩排名是:' + '1')
>>> print('你学习强国的成绩排名是:' + '2')
>>> print('你学习强国的成绩排名是:' + '3')
>>> print('你学习强国的成绩排名是:' + '4')
>>> print('你学习强国的成绩排名是:' + '5')
…
>>> print('你学习强国的成绩排名是:' + '100')
```

如果直接修改代码中的提示,工作量大,而且容易出错。可以用变量保存重复输出内容,既可减少文件大小,节约系统存储空间,维护也相对容易。

```
>>> info = '你学习强国的成绩排名是:'
>>> print(info + '1')
>>> print(info + '2')
>>> print(info + '3')
>>> print(info + '4')
>>> print(info + '5')
…
>>> print(info + '100')
```

当然,上面代码还可以通过循环语句进一步简化。

```
>>> info = '你学习强国的成绩排名是:'
>>> i = 1
>>> while(i < 101):
    print(info + str(i))
    i = i + 1
```

2.2.4　标识符的命名规则

变量的命名必须严格遵守标识符的规则。标识符用于标识变量、函数、类、模块和其他对象。Python 对标识符命名的规则如下。

(1) Python 标识符由字母、数字、下画线组成,但不能以数字开头。

(2) Python 中的标识符需要区分大小写。

(3) 以下画线开头的标识符有特殊意义。例如,__init__()标识符以双下画线开头和结尾,代表 Python 中特殊方法专用的标识(类的构造方法)。

(4) Python 中还有一类非保留字的特殊字符串(如系统内置函数)。这些字符串虽然用于变量名时不会出错,但会造成相应的功能丧失。如 print()函数可以用来输出信息,但一旦用作变量名,就会失去其输出功能。因此,在变量命名时,不仅要避免使用 Python 中的关键字,还要避开具有特殊作用的非关键字,以避免一些不必要的错误。

```
>>> import keyword                    # 导入 keyword 库
>>> keyword.kwlist                    # 查看 Python 关键字
['False', 'None', 'True', 'and', 'as', 'assert', 'break', 'class', 'continue', 'def', 'del', 'elif',
'else', 'except', 'finally', 'for', 'from', 'global', 'if', 'import', 'in', 'is', 'lambda', 'nonlocal',
'not', 'or', 'pass', 'raise', 'return', 'try', 'while', 'with', 'yield']
```

```
>>> print('以上是 Python 系统保留字')        ＃输出信息
以上是 Python 系统保留字
>>> print = 1                                 ＃使用 print 作为变量名
>>> print('测试打印输出')                     ＃print()函数运行出错
Traceback (most recent call last):
    File "<stdin>", line 1, in <module>
TypeError: 'int' object is not callable
>>> del print                                 ＃调试过程中,删除不能使用的变量,即可恢复其原有的功能
>>> print('测试输出')
测试输出
```

例如,下面的变量名中,有些是合法的,有些是不合法的。

abc_xyz：合法。

HelloWorld：合法。

abc1：合法。

1abc：不合法,标识符不允许数字开头。

xyz＃abc：不合法,标识符中不允许出现"＃"号。

class：不合法,Python 关键字。

2.2.5　标识符的常规命名法

如果代码中使用的标识符命名方式随意而风格各异,那么在程序解读过程中,就容易出现混淆。下面介绍几种常见标识符的命名法。

(1) 大驼峰命名法：所有单词的首字母都是大写,如 MyName、YourFamily 等。

大驼峰命名法一般用于类的命名。

(2) 小驼峰命名法：第一个单词的首字母小写,其余单词的首字母大写,如 myName、yourFamily 等。

小驼峰命名法用在函数名和变量名中的情况比较多。

(3) 下画线分隔法：第一个单词首字母小写,中间用"_"连接,后面单词首字母大写,如 my_Name、your_Family 等。

使用哪种方法对标识符命名并没有统一的规定,但 Python 官方的编码风格是采用下画线分隔法。

2.3　常见的数据类型

在 Python 中,变量就是变量,变量并没有类型,而平时提到的"数据类型"是变量所指的内存中对象(值)的类型。

数据类型用于对程序要处理的数据进行分类。例如,1 表示数值,'abc'表示字符串。

2.3.1　为何要区分数据

给每个数据分配同等的存储空间,这对于内存来说,无疑是一种浪费。为了减少内存的消耗,系统会根据不同数据的数据类型分配不同的内存空间,并根据不同数据类型的特性,进行不同的数据处理。例如,x＝1＋1,表示数值相加,变量 x 值为 2；y＝'1'＋'1',表示字符

串拼接,变量 y 的值为'11'。

```
>>> import sys
>>> a = 100                                    # 整型
>>> b = 1.1                                     # 浮点型
>>> c = True                                    # 布尔型
>>> d = 'python'                                # 字符串
>>> print(a, 'size is',sys.getsizeof(a))
100 size is 28
>>> print(b, 'size is',sys.getsizeof(b))
1.1 size is 24
>>> print(c, 'size is',sys.getsizeof(c))
True size is 28
>>> print(d, 'size is',sys.getsizeof(d))
python size is 55
```

从 Python 3 起,字符串采用 Unicode 编码(注意这里并不是 UTF-8 编码,尽管.py 文件的默认编码是 UTF-8)。为了减少内存的消耗,Python 使用三种不同的单位长度来表示字符:每字符 1 字节(Latin-1);每字符 2 字节(UCS-2);每字符 4 字节(UCS-4)。

如果字符串中所有字符都在 ASCII 内,那么就可以使用占用 1 字节的 Latin-1 编码进行存储。如果字符串中存在需要占用 2 字节(如中文字符),那么整个字符串就将采用占用 2 字节 UCS-2 编码进行存储。可以通过 sys.getsizeof()函数验证这个结论。

```
>>> import sys
>>> x = 'a'
>>> print(x, 'size is',sys.getsizeof(x))
a size is 50
>>> x = 'ab'
>>> print(x,'size is',sys.getsizeof(x))
ab size is 51
>>> x = '中'
>>> print(x, 'size is',sys.getsizeof(x))
中 size is 76
>>> x = '中国'
>>> print(x, 'size is',sys.getsizeof(x))
中国 size is 78
```

在 Python 3 中提供了 6 个标准的数据类型,其中基础数据类型有数字、字符串,数据结构类型有列表、元组、字典和集合。

2.3.2　数字

Python 3.x 支持 4 种不同的数字类型。

int:表示整型,如 10、100、1000。

float:表示浮点型,包含整数和小数部分的数据类型,如 1.0、0.11、1e-12。

bool:表示布尔型,只有 True(真)和 False(假)两种取值。因为 bool 继承了 int 类型,因此可以用 bool 值进行数学运算,True 表示 1,False 表示 0。

complex:表示由实数部分和虚数部分组成。例如,5+3.14j。

在 Python 中,可以使用内置函数,如 int()、float()、bool()、complex()等,实现不同数据类型之间的数值转换。

```
>>> int(1.56);int(0.156);int(True)
1
0
1
>>> bool(1);bool(0)
True
False
```

2.3.3　字符串

字符串可以理解为一种文本。Python 的字符串(string)是指用一对单引号(')、双引号(")或三引号('''或""")引起来的一连串字符组合。例如,字符串'student'在 Python 内部被视为's'、't'、'u'、'd'、'e'、'n'、't'这 7 个字符的组合。

1. 标识字符串

单引号和双引号用法完全相同。需要注意的是,前后引号要保持一致,不能混用。

```
>>> 'this is a sentence'
'this is a sentence'
>>> "This is a sentence"
'This is a sentence'
>>> '''This is a sentence'''
'This is a sentence'
>>> 'This is a sentence"""
File "<stdin>", line 1
    'This is a sentence"""
                        ^
SyntaxError: EOL while scanning string literal
```

三引号允许一个字符串跨多行,内部可以包含换行符、制表符以及其他特殊字符。例如:

```
>>> str = '''
This is the first sentence.
This is the second sentence.
This is the third sentence.
'''
>>> str
'\nThis is the first sentence.\nThis is the second sentence.\nThis is the third sentence.\n'
>>> print(str)

This is the first sentence.
This is the second sentence.
This is the third sentence.
```

说明:"\n"是转义符,表示换行。运行 print()函数时,解析为换行输出。

2. 字符转义

当单引号标识一个字符串时,如果该字符串中含有一个单引号,比如,'What's happened',Python 将不能辨识这段字符串从何处开始,又在何处结束,程序会出错。

```
>>> 'What's happened'
  File "<stdin>", line 1
```

```
'What's happened'
         ^
SyntaxError: invalid syntax
```

最快捷的方式是用双引号区分标识一个包含单引号的字符串。

```
>>> "What's happened"
"What's happened"
```

当然也可以使用转义符,即加反斜线(\),表示反斜线后面的引号只是纯粹的引号,没有任何其他作用。

```
>>> 'What\'s happened'
"What's happened"
```

字符串也可包含(转义符\＋特殊字符)格式实现特殊功能。如"\n"表示换行符,"\t"表示空 4 格。

```
>>> str = 'hello\tworld!'
>>> print(str)
hello   world!
```

此外,Python 中还可以通过给字符串加上一个前缀 r 或 R 来指定保留原始字符串。

```
>>> print('d:\name\python')          ♯将\n错误解析成换行符
d:
ame\python
>>> print(r'd:\name\python')
d:\name\python
>>> print(R'd:\name\python')
d:\name\python
```

3. 字符串操作

字符串属于序列类型的数据,通过索引可以获取其内部的字符。索引分正索引和负索引。如图 2-3 所示,正索引从左向右标识字符,编号从 0 开始,相当于第一个字符 P 的正索引编号是 0。负索引从右往左标识字符,编号从－1 开始。正索引和负索引共同构成了 Python 索引的有效范围。

字符串	P	y	t	h	o	n
正索引	0	1	2	3	4	5
负索引	－6	－5	－4	－3	－2	－1

图 2-3　字符串索引

在 Python 中,可以通过索引提取字符。简单提取的语法格式如下。

字符串[index]

根据方括号"[ ]"内的索引 index,就能提取指定位置的字符。要注意,正索引从 0 开始。

```
>>> 'Python'[0]
'P'
>>> str = 'Python'
```

```
>>> str[0]
'P'
```

截取字符串的片段即实现切片操作,其语法格式如下。

字符串[start:stop:step]

需要注意,在 Python 中,切片是对字符串、列表、元组等序列对象的一种高级索引方法。普通索引只取出序列中一个索引对应的元素,而切片能获取索引在一个前闭后开区间内的元素,这里的范围不是狭义上的连续片段。

当索引 start 和 stop 为负数时,可简单看作负数下标对应的位置。步长(step)可省略,默认值为 1。若起始索引(start)省略,则需要根据步长值进行判断。判断原则是起始索引为索引编号的起始位,即步长(step)为正数时,起始索引为正索引的最小值 0;若步长(step)为负数,起始索引为负索引的最大值-1,也是正索引的最大值。

```
>>> str[1:3:1]          #步长为 1
'yt'
>>> str[1:3:2]          #步长为 2
'y'
>>> str[-4:3:1]         #负索引-4,对应本例正索引 2,即 str[2:3:1]
't'
>>> str[1:-2:1]         #负索引-2,对应本例正索引 4,即 str[1:4:1]
'yth'
>>> str[:3:1]           #步长>0,省略起始索引默认为最小值 0,即 str[0:3:1]
'Pyt'
>>> str[:3]             #省略步长,其默认值为 1,即 str[0:3:1]
'Pyt'
>>> str[:3:-1]          #步长<0,省略起始索引默认为负索引-1,本例正索引 5,即 str[5:3:-1]
'no'
```

常见字符串操作的方法如表 2-1 所示。

表 2-1　常见字符串操作方法

方　　法	说　　明
str. split(sep,count)	以 sep 为分隔符拆分字符串 str。如果指定可选参数 count,则只有前面的 count 个被拆分
sep. join(sequence)	以指定 sep 作为连接符,将序列连接成一个新字符串
str. isalnum()	检验字符串是否为空
str. count(chars)	计算指定字符(chars)在字符串 str 中出现的次数
str. replace(old,new,count)	将 new 字符串替换所有的 old 字符串。如果指定可选参数 count,则只有前面的 count 个被替换
str. strip(chars)	移除字符串 str 前后指定的字符(chars)。默认删除前后空格
str. lstrip()	删除字符串 str 的左边空格
str. rstrip()	删除字符串 str 的右边空格
str. upper()	将小写字母完全变成大写字母
str. lower()	将大写字母完全变成小写字母
str. capitalize()	把字符串的第一个字母变成大写
str. title()	把所有单词的第一个字母变成大写
str. center(width[,fillchar])	指定输出宽度并居中显示。若字符串宽度不够,则用 fillchar 作为填充字符,默认填充字符为空格

例如：

```
>>> str = 'This is the first sentence.\nThis is the second sentence.\nThis is the third sentence'
>>> s1 = str.replace('\n', '')        #相当于删除\n
>>> s1
'This is the first sentence. This is the second sentence. This is the third sentence'
>>> s1.split('. ')                    #以"."为分隔符,拆分字符串,返回列表
['This is the first sentence', 'This is the second sentence', 'This is the third sentence']
>>> str2 = '  this is a sentence  '
>>> str2.strip()                      #删除字符串左右的空格
'this is a sentence'
>>> str2.lstrip()                     #删除字符串左边的空格
'this is a sentence  '
>>> str3 = ' abcdea'
>>> str3.strip('a')                   #开头是空格,尾部是字符"a",故只删除尾部字符 a
' abcde'
>>> str4 = 'banana'
>>> str4.center(20)                   #输出宽度为 20 的字符串,内容居中显示,空白处用空格填充
'       banana       '
```

4. 字符串格式化输出

先构造一个字符串模板,然后在不同的场景下,替换模板的局部内容(如地址中页码),即可快速生成一个新的字符串。

例如,利用网络爬虫去爬取"腾讯招聘"网页前 3 个页面的内容,对应的路径如下。

```
'https://careers.tencent.com/search.html?index = 1&keyword = python'
'https://careers.tencent.com/search.html?index = 2&keyword = python'
'https://careers.tencent.com/search.html?index = 3&keyword = python'
```

经过分析,上面 3 个路径的写法非常相似,只是 index 值不同而已。下面介绍用字符串格式化输出,来生成不同页面的路径的方法。

从 Python 2.6 开始,Python 新增了一种格式化字符串的方法 str.format(),它增强了字符串格式化的功能,使用"{}"作为占位符,将传入的参数进行格式化输出。

```
>>> url = 'https://careers.tencent.com/search.html?index = {}&keyword = python'
>>> url.format(1)
'https://careers.tencent.com/search.html?index = 1&keyword = python'
>>> url.format(2)
'https://careers.tencent.com/search.html?index = 2&keyword = python'
>>> url.format(3)
'https://careers.tencent.com/search.html?index = 3&keyword = python'
```

format()可以接收的参数个数不限,位置也可以不按顺序。

```
>>> '{} {}'.format('hello','world')          #不设置指定位置,按默认顺序输出
'hello world'
>>> '{1} {0}'.format('hello','world')         #设置按指定位置输出
'world hello'
>>> '{y} {x}'.format(x = 'hello', y = 'world')  #带关键字,可调换顺序输出
'world hello'
```

还有一种包含控制信息的特殊格式化输出,由冒号(:)作为引导标记,这些参数是可选的,也可以组合使用,但"宽千精类"顺序不能改变,如表 2-2 所示。

表 2-2　控制参数

参数	说　　明
:	引导标记
填充	用于填充单个字符
对齐	<左对齐(默认),>右对齐,^居中对齐
宽度	输出宽度
,	数字的千位分隔符(,)
精度	浮点数有效位数或字符串最大输出长度
类型	整数类型 b、c、d、o、x、X,浮点数类型 E、e、f、%(百分比形式)

例如:

```
>>> str = 'Life is short,use Python.'          #字符串长度为 25
>>> '{:30}'.format(str)                         #输出 30 个字符的宽度,默认左对齐
'Life is short,use Python.     '
>>> '{:>30}'.format(str)                        #输出 30 个字符的宽度,右对齐
'     Life is short,use Python.'
>>> '{:*^30}'.format(str)                       #输出 30 个字符宽度,居中对齐,空白处用 * 填充
'** Life is short,use Python. ***'
```

2.3.4　列表

数据在程序中通过变量的方式进行操作。假设某校有 10 000 名学生,每个人有 5 科成绩,按常规的方式,就需要声明 50 000 个变量来关联这些数据。实际上,这种方式是不可行的,这就产生了列表类型的数据结构。

列表是按顺序排列的元素构成的有序集合,它与其他语言的数组相似。每个列表有一个名称,作为识别该列表的标识。列表中每一个数据称为"元素",列表中的元素通过列表的索引(下标)进行访问。列表是 Python 中使用最频繁的一种数据类型。

1. 创建列表

1) 使用方括号"[ ]"创建列表

语法:

```
listName = [element1,element2,...]
```

使用方括号[]创建列表对象时,列表值写在方括号"[]"之间,列表元素之间用逗号(,)分隔。如果方括号内不写任何值,就表示创建空列表。列表中元素的类型可以相同,也可以不相同,它支持数字、字符串,甚至可以包含列表(嵌套)。例如:

```
>>> list1 = []                    #空列表
>>> list2 = [1,2,3,4,5]           #包含数字
>>> list3 = [1, 'apple',True,[3,7,9]]    #包含不同的数据类型的元素
```

注意:Python 中也有数组概念,但数组只能保存同一类型的数据,后续章节会介绍。

2) 使用 list()函数创建列表

Python 中 list()函数的作用实质上是将传入的数据转换成列表类型。若 list()函数中没有设置实参,则会创建一个空列表。

31

```
>>> list4 = list()                               #创建空列表
```

若将字符串传入 list() 函数中,则 list() 函数会把字符串中每一个字符转成列表元素,类似拆分字符串。例如:

```
>>> list('hello world!')
['h', 'e', 'l', 'l', 'o', ' ', 'w', 'o', 'r', 'l', 'd', '!']
```

3) 使用 range() 函数创建一个有序整数列表

元素为有序整数的列表,如[1,2,3,…],这种有序整数的列表在循环中经常用到。range() 函数的功能就是创建一个有序整数列表。range() 函数可以包含 1 个、2 个或者 3 个参数。

语法:

```
range(start, stop[, step])
```

说明:

start——索引起始值,默认从 0 开始。

stop——索引终值,但不包括 stop。

step——步长,默认为 1。

例如:

```
>>> for i in range(5):                           #默认值(起始值为 0、步长为 1)
        print(i)

0
1
2
3
4
>>> for i in range(2,5):                          #默认值(步长为 1)
        print(i)

2
3
4
>>> for i in range(2,8,3):                        #起始值为 2,不包括终值 8,步长为 3
        print(i)

2
5
```

2. 列表操作

Python 的列表包含丰富灵活的列表方法,可以对列表元素进行增加、删除、修改、查询操作。

1) 访问列表元素

和字符串一样,列表同样可以通过索引提取和截取列表的元素。列表的索引概念与字符串一样,列表正索引也是从左到右,从 0 开始,以 1 为步长逐渐递增,第二个元素编号为 1,其余编号以此类推。负索引也是从右到左,从 −1 开始,然后往左依次是 −2、−3、…。

提取列表元素的方法有两种:索引访问提取和列表切片操作提取。

（1）通过索引访问提取单个列表元素

语法：

list[index]

通过单个索引访问提取时，索引值不能超出有效范围，否则会抛出 IndexError 异常。

```
>>> list5 = [2,4,3,5,6]
>>> list5[1]
4
>>> list5[-1]
6
>>> list5[8]
Traceback (most recent call last):
  File "<stdin>", line 1, in <module>
IndexError: list index out of range
```

（2）通过列表切片操作获取多个列表元素

语法：

list[start:stop:step]

注意：索引区间是一个左闭右开区间，切片操作只能提取结束索引之前对应的元素，并不包括结束索引对应的元素。

```
>>> list5[0:2:1]
[2, 4]
```

在切片操作中，可省略步长值，默认为 1，此时格式中的第 2 个冒号也可以省略。

```
>>> list5[0:2]
[2, 4]
```

当起始索引 start 省略时，则需根据步长值进行判断。若步长为正数，起始索引默认值为最小值；若步长为负数，起始索引默认为最大值。

```
>>> list5[:2:1]
[2, 4]
>>> list5[:2:-1]
[6, 5]
```

当 start 或 stop 超出有效索引范围时，切片操作不会抛出异常，而是进行截断。截断机制可理解为，把索引范围扩充到全体整数，但区间外的区域对应空元素，在这个扩充后的数轴上进行切片，最终结果是忽略所有空元素。

```
>>> list5[-5:99:1]
[2, 4, 3, 5, 6]
```

2）增加列表元素

可以用 append()、insert()、extend()方法向列表对象中添加元素。

list. append(x)：添加一个元素 x 到列表 list 末尾。注意，append 一次只能追加一个元素。

list. insert(i,x)：在下标为 i 的位置前插入一个元素 x。若指定位置超出列表尾部，则会插入列表的最后，相当于 append()功能。

list. extend(L)：将参数中的列表 L 添加到自身的列表 list 的末尾。相当于列表拼接。

类似字符串拼接,两个列表对象也可以通过加号(+)进行拼接,而且使用 extend()函数的效果与使用自增运算(+=)相同。

```
>>> list6 = [60,70,90]
>>> list6.append(78)                    #[60,70,90,78]
>>> list6.insert(1,80)                  #[60,80,70,90,78]
>>> s = [81,82,83]
>>> list6.extend(s)                     # [60,80,70,90,78,81,82,83]
```

3) 删除列表元素

删除元素,可以用 del 语句、remove()方法、pop()方法。

del list[i]:删除列表 list 下标为 i 的元素。

list.remove(x):删除列表第一个值为 x 的元素。如果没有这样的元素就会报错。

list.pop(i):删除列表指定位置的元素并返回被删的值。如果不输入这个参数,将删除并返回列表最后一个元素。

```
>>> list7 = ['a','b','c','d']
>>> del list7[0]                        # ['b','c','d']
>>> list7.remove('c')                   # ['b','d']
>>> x = list7.pop(1)
>>> list7
['b']
>>> x
'd'
```

4) 修改列表元素

由于列表是可变的,把值赋给指定索引对应的列表元素,即可实现修改功能。

```
>>> list8 = [1,2,3,4,5]
>>> list8[3] = 99
>>> list8
[1, 2, 3, 99, 5]
```

5) 查询列表元素

元素查询是列表重要的操作。对于判断列表是否包含某个元素,可以使用 in 语句,具体语法格式为"元素 in 列表"。若元素存在,则返回 True,否则返回 False。

list.index(x):返回列表第一个值为 x 的元素的下标。如果没有这样的元素会报错。

```
>>> list9 = ['a', 'b', 'c']
>>> list9.index('c')
2
>>> 'b' in list9
True
```

6) 其他常用操作

list.count(x):统计元素 x 在列表中出现的次数。

list.reverse():反转列表中的元素。

list.sort():对原列表进行排序。

new_list=sorted(list):对原列表的副本进行排序,并把排序后的值赋给新列表变量。

len(list):获取列表的长度,即列表元素个数。

+:将两个列表合并为一个列表。

＊：重复合并同一列表多次。

```
>>> list10 = ['a','b','a','c']
>>> list10.count('a')
2
>>> list10.reverse()           #['c', 'a', 'b', 'a']
>>> s = sorted(list10)         #list10 值不变['c', 'a', 'b', 'a'],s 值为['a', 'a', 'b', 'c']
>>> list10 + s
['c', 'a', 'b', 'a', 'a', 'a', 'b', 'c']
>>> list10 * 2
['c', 'a', 'b', 'a', 'c', 'a', 'b', 'a']
>>> list10.sort()
>>> list10
['a', 'a', 'b', 'c']
>>> len(list10)
4
```

3. 拓展练习

创建一个列表(list),并进行增加、删除、修改、查询的操作。

【任务描述】

在列表['banana','lemen',9,'dog',100]的第一个元素与第二个元素之间插入一个空列表,在列表尾部追加一个元素('apple'),并删除关于动物的列表元素,同时查找出列表中的数值,并在原有基础上增到 5 倍,并输出操作后的列表结果。

【任务分析】

通过如下步骤实现上述任务。

(1) 创建一个列表对象['banana','lemen',9,'dog',100]。

(2) 在列表的第 1 个元素与第 2 个元素之间插入空列表,相当于在索引 1 位置插入新值。

(3) 在列表尾部追加一个元素 'apple'。

(4) 删除列表中的元素 'dog'。

(5) 分别查找列表中的数值 9、100 的位置索引。

(6) 通过位置索引访问提取数字元素 9、100,并以 5 为乘数进行自乘操作。

(7) 输出修改后的列表内容。

【任务实现】

(1) 使用方括号"[]",创建一个列表对象['banana','lemen',9,'dog',100]。

```
>>> L = ['banana','lemen',9,'dog',100]
```

(2) 在列表的第一个元素与第二个元素之间插入空列表。

```
>>> L.insert(1,[])
```

(3) 在列表尾部追加一个元素('apple')。

```
>>> L.append('apple')
```

(4) 使用 remove()函数删除列表中的元素 'dog'。

```
>>> L.remove('dog')
```

（5）使用 index()函数分别查找列表中的数值 9、100 的索引。

```
>>> l_index_9 = L.index(9)
>>> l_index_100 = L.index(100)
```

（6）通过索引访问提取数字元素 9、100，并利用自乘操作进行赋值修改。

```
>>> L[l_index_9] * = 5
>>> L[l_index_100] * = 5
```

（7）输出修改后的列表内容。

```
>>> print(L)
['banana', [], 'lemen', 45, 500, 'apple']
```

2.3.5　元组

元组与列表、字符串一样，也是序列的一种。元组和字符串的相同点是都具有不可变性，而元组与列表的不同之处是元组元素不能修改。这说明元组一旦创建后就不能修改，即不能对元组的元素进行增加、修改、删除等操作。有时不希望处理对象某些过程的内容，如敏感数据，这就需要元组的不可变性。

列表功能远强于元组，为何还要使用元组？主要原因是元组具有以下优点。

（1）由于元组内容不可改变，内部结构比列表简单，因此执行速度比列表快。

（2）由于元组内容无法改变，不会因操作失误而改变数据内容，因此元组数据较为安全。

1. 创建元组

1）使用圆括号"（）"创建元组

把元组元素放在圆括号"（）"中，元素之间也是用逗号分隔，而列表是放在方括号"［］"中。

语法：

```
tupleName = (element1,element2, … )
```

例如：

```
>>> tuple1 = ()                    # 创建空元组
>>> tuple2 = (1,2,3,4,5)           # 使用圆括号"()"创建元组
>>> tuple3 = 1, 'a',[]             # 创建元组时可省略圆括号"()"
```

2）使用 tuple()函数创建元组

使用 tuple()函数时，若不设实参，则可以创建空元组。

```
>>> tuple4 = tuple()               # 创建空元组
```

tuple()函数也可将其他数据结构对象（包括列表）转换成元组。例如：

```
>>> list11 = [1,2,3,4,5]
>>> mytuple = tuple(list11)        # 把列表转换成元组(1,2,3,4,5)
```

2. 元组操作

元组的使用方法与列表类似，但由于其有不可变的特性，故在操作过程中不能修改元组的元素，否则会产生错误。因此，凡涉及改变元素个数或元素值的方法，如 append()、insert()等都不能应用于元组。

1) 访问单个元组元素

语法：

tuple[index]

根据索引获取单个元组元素。若传入的索引超出元组索引范围，则返回错误提示。

```
>>> tuple5 = ('a','b','c','d')
>>> tuple5[1]
'b'
>>> tuple5[9]
Traceback (most recent call last):
  File "<stdin>", line 1, in <module>
IndexError: tuple index out of range
```

2) 访问多个元组元素

语法：

tuple[start:stop:step]

对元组进行切片操作，获取元组的多个值。

```
>>> tuple5[0:2:1]
('a', 'b')
```

3) 元组的解包

将元组的元素值分别赋给不同的变量，即为元组的解包。

语法：

obj1,obj2,obj3,… = tuple

元组的解包，可以看作类似多条赋值语句集合。

```
>>> i,j,x,y = tuple5
>>> i
'a'
```

4) 元组常用操作

tuple.count()方法：获取某个元素在元组中出现的次数。

tuple.index(x)方法：获取元素 x 在元组中第一次出现的位置索引。

sorted(tuple)函数：对元组的副本进行排序。

len(tuple)函数：获取元组的长度，即元组元素的个数。

＋运算符：将两个元组合并为一个新元组。

＊运算符：重复合并同一个元组多次。

例如：

```
>>> tuple6 = ('b','a','b','c','d','b')
>>> tuple6.count('b')
3
>>> tuple6.index('a')
1
>>> len(tuple6)
6
>>> tuple7 = (1,2,3)
```

```
>>> tuple6 + tuple7
('b', 'a', 'b', 'c', 'd', 'b', 1, 2, 3)
>>> tuple6 * 2
('b', 'a', 'b', 'c', 'd', 'b', 'b', 'a', 'b', 'c', 'd', 'b')
```

3. 拓展练习

【任务描述】

把列表[6,'apple','orange',False,9]转换为元组,并进行相关操作(查看类型、查看元素False 是否存在等)。

【任务分析】

(1) 创建一个列表[6,'apple','orange',False,9],并赋值给变量。

(2) 将变量转换成 tuple 类型。

(3) 查看变量的数据类型。

(4) 查看元组中是否存在元素 False,并获取其位置索引。

(5) 根据获得的位置索引提取元素。

【任务实现】

(1) 使用方括号"[]"创建一个列表[6,'apple','orange',False,9],并赋值给变量。

```
>>> list12 = [6,'apple','orange',False,9]
```

(2) 使用 tuple()函数将变量转换成 tuple 类型。

```
>>> tuple8 = tuple(list12)
```

(3) 使用 type()函数查看变量的数据类型。

```
>>> type(tuple8)
< class 'tuple'>
```

(4) 使用元组的 index()方法查看元组中是否存在元素 False,获取其位置索引。

```
>>> t_index = tuple8.index(False)
```

(5) 根据获得的位置索引提取元素。

```
>>> tuple8[t_index]
False
```

2.3.6 字典

在列表或元组中,数据存放是有序的,并且使用整数作为索引。但很多时候,元素之间的顺序是无关紧要的,例如,存储学生的成绩,就不适合选用序列的方式来存储数据。Python 提供一种很好的解决方案,使用字典数据类型来存储这些无序的数据。

字典是 Python 提供的一种常用的数据结构,它用于存放具有映射关系的数据。各个元素都有与之对应且唯一的键,通过键来访问对应的元素。由于字典是可变的,所以对字典的元素可以进行增加、删除、修改、查询等基本的操作。

1. 创建字典

由于字典是键(key)值(value)对的集合,因此在创建字典时,需要将键值对按照指定的格式"key:value"进行书写,并且字典的元素(键值对)之间用逗号(,)隔开。

1）使用花括号"{ }"创建字典

语法：

dictName = {key1:value1, key2: value2, key3: value3, … }

若在花括号"{ }"中不传入任何键值对，则会创建空字典。

```
>>> dict1 = {'math':90,'english':100,'chinese':98}          # 创建字典
>>> dict2 = {}                                              # 创建空字典
```

2）使用 dict()函数创建字典

（1）参数为空

如果在 dict()函数中不传入任何参数，则创建一个空字典。

```
>>> dict3 = dict()                # 创建空字典
>>> dict3
{}
```

（2）参数为双值子序列

把双值子序列组成的序列组合成一个列表或元组，再传入 dict()函数中。

```
>>> dict4 = dict([('name','mike'),('age',21)])
>>> dict4
{'name': 'mike', 'age': 21}
```

（3）参数为"键＝值"格式

通过"键＝值"的格式将数据传入 dict()函数中即可创建字典。需要注意，键不能重复，否则会报错。

```
>>> dict5 = dict(name = 'mike',age = 21)
>>> dict5
{'name': 'mike', 'age': 21}
```

2. 字典操作

1）访问字典元素

与序列类型不同，字典作为映射类型的数据结构，并没有索引和切片的概念。字典中只有键值对的映射关系，因此字典元素需要通过键去获取。

语法：

dict[key]

进行字符串格式化输出时，传入键必须存在，否则会报错。

```
>>> dict6 = {'software': 'python', 'development': 'Guido van Rossum', 'nationality': 'Dutch'}
>>> '{}, the father of {}, is {}'.format(dict6['development'],dict6['software'],dict6['nationality'])
'Guido van Rossum,the father of python,is Dutch'
>>> dict6['name']
Traceback (most recent call last):
  File "< stdin >", line 1, in < module >
KeyError: 'name'
```

2）添加字典元素

（1）使用键访问方式进行赋值添加

直接利用键赋值方式可以实现字典元素的添加。

语法:

```
dict[new_key] = new_value
>>> dict7 = {'Python':'Guido van Rossum', 'Javascript':'Brendan Eich'}
>>> dict7['PHP'] = 'Rsamus Lerdof'
>>> dict7
{'python': 'Guido van Rossum', 'Javascript': 'Brendan Eich', 'PHP': 'Rsamus Lerdof'}
```

（2）使用 update()方法添加

若需要添加多个元素，或者将两个字典内容合并，可以使用字典的 update()方法，将两个字典的键值对进行合并。若两个字典存在相同的键，则传入的字典中的键所对应的值替换调用函数中的值，实现值更新的效果。

```
>>> other = {'Java':'James Gosling', 'C++':'Bjarne Stroustrup'}
>>> dict7.update(other)
>>> dict7
{'Python': 'Guido van Rossum', 'Javascript': 'Brendan Eich', 'PHP': 'Rsamus Lerdof', 'Java': 'James Gosling', 'C++': 'Bjarne Stroustrup'}
```

3）修改字典元素

可以使用键访问赋值修改字典元素。

语法:

```
dict[old_key] = new_value
```

添加与修改单个字典元素的格式是相同的。由此可以看出，赋值操作在字典中非常灵活。如果键不存在，则为添加操作；若键存在，则赋予的值将替换原字典元素，这很大程序上方便了对字典对象的处理。

4）删除字典元素

（1）使用 del 语句删除字典元素

语法:

```
del dict[key]
```

例如:

```
>>> del dict7['C++']
>>> dict7
{'python': 'Guido van Rossum', 'javascript': 'Brendan Eich', 'PHP': 'Rsamus Lerdof', 'Java': 'James Gosling'}
```

（2）使用 pop()方法删除字典元素

把键作为参数，传入 pop()方法内，实现删除字典元素，返回键所对应的值。

```
>>> dict7.pop('PHP')
'Rsamus Lerdof'
>>> dict7
{'python': 'Guido van Rossum', 'javascript': 'Brendan Eich', 'Java': 'James Gosling'}
```

（3）使用 clear()方法删除字典元素

clear()方法删除字典中的所有元素，返回一个空字典。

```
>>> dict7.clear()
>>> dict7
{}
```

5）查询字典元素

在实际应用中,往往需要查询某个键或者值是否在字典中,除了可以使用字典元素提取的方式进行查询外,还可以使用 in 进行判断。

字典提供以下 3 种方法提取键值信息。

keys()：获取字典中的所有键。

values()：获取字典中的所有值。

items()：获取字典中的所有键值对。

例如：

```
>>> dict8 = {'Python': 'Guido van Rossum', 'Javascript': 'Brendan Eich', 'PHP': 'Rsamus Lerdof',
'Java': 'James Gosling', 'C++': 'Bjarne Stroustrup'}
# 判断键是否存在字典中
>>> 'Python' in dict8
True
# 获取所有键
>>> all_keys = dict8.keys()
>>> all_keys
dict_keys(['Python', 'Javascript', 'PHP', 'Java', 'C++'])
# 将键的迭代形式转换为列表
>>> list(all_keys)
['Python', 'Javascript', 'PHP', 'Java', 'C++']
# 获取所有值
>>> all_values = dict8.values()
>>> all_values
dict_values(['Guido van Rossum', 'Brendan Eich', 'Rsamus Lerdof', 'James Gosling', 'Bjarne
Stroustrup'])
# 判断值是否在字典中
>>> 'Guido van Rossum' in all_values
True
# 获取所有键值对
>>> all_items = dict8.items()
>>> all_items
dict_items([('Python', 'Guido van Rossum'), ('Javascript', 'Brendan Eich'), ('PHP', 'Rsamus Lerdof'),
('Java', 'James Gosling'), ('C++', 'Bjarne Stroustrup')])
```

3. 拓展练习

【任务描述】

创建一个字典{'Animate'：80,'HTML'：92,'C#'：90.5,'Javascript'：None},代表某位学生的考试成绩。向字典添加 Python 成绩（100 分）,并删除没有成绩的科目,然后将 C# 成绩增加 5 分,最后查看该学生的 HTML 成绩。

【任务分析】

（1）创建字典 dict9＝{'Animate':80,'HTML':92,'C#':90.5,'Javascript':None}。

（2）在字典中添加键值对{'Python':100}。

（3）删除{'Javascript':None}。

（4）将 dict9['C#']值取出后增加 5,再用赋值方式覆盖字典中对应的值。

（5）查询键'HTML'的对应值。

【任务实现】

创建字典

```
>>> dict9 = {'Animate':85,'HTML':92,'C#':90.5,'Javascript':None}
# 添加键值对
>>> dict9['Python'] = 100
# 删除键值对
>>> del dict9['Javascript']
>>> dict9
{'Animate': 85, 'HTML': 92, 'C#': 90.5, 'Python': 100}
# 修改对应值
>>> dict9['C#'] = dict9['C#'] + 5
>>> dict9
{'Animate': 85, 'HTML': 92, 'C#': 95.5, 'Python': 100}
# 查看键对应值
>>> dict9['HTML']
92
```

2.3.7 集合

集合是无序的不可重复的元素的集合,结构与列表类似,但列表中的元素是可以重复的,集合不可以。集合可以通过 set()函数或使用花括号"{}"创建。需要注意,如果通过花括号"{}"创建,数据不能为空,否则被当成空字典。

```
>>> a = {3, 4, 5, 6, 7, 8}
>>> a
{3, 4, 5, 6, 7, 8}
>>> b = set([2, 2, 2, 1, 3, 3, 4, 5])
>>> b
{1, 2, 3, 4, 5}
>>> b.add(6)                          # 添加元素
>>> b
{1, 2, 3, 4, 5, 6}
>>> b.remove(6)                       # 删除元素
>>> b
{1, 2, 3, 4, 5}
```

集合还支持合并、交集等数学集合运算。

(1) 并集:由属于集合 A 或集合 B 的所有元素组成的集合,可用 union 方法或者|运算符求得。

```
>>> a.union(b)
{1, 2, 3, 4, 5, 6, 7, 8}
>>> a | b
{1, 2, 3, 4, 5, 6, 7, 8}
```

(2) 交集:由同时属于集合 A 和 B 的所有元素组成的集合,可用 intersection()方法或 & 运算符求得。

```
>>> a.intersection(b)
{3, 4, 5}
>>> a & b
{3, 4, 5}
```

(3) 差集:由属于集合 a 而不属于集合 b 中的元素所构成的集合,可用 difference()方法或一运算符求得。

```
>>> a.difference(b)
```

```
{8, 6, 7}
>>> a - b
{8, 6, 7}
```

（4）异或集：属于集合 a 或集合 b，但不同时属于集合 a 和 b 的元素所组成的集合，可用 symmetric_difference() 方法或^运算符求得。

```
>>> a.symmetric_difference(b)
{1, 2, 6, 7, 8}
>>> a^b
{1, 2, 6, 7, 8}
```

2.3.8　识别数据类型

type() 函数返回参数的数据类型，例如：

```
>>> a = 90;b = 'python';c = True;d = [1,2,3];e = (4,5,6);f = {'name':'Mike','age':21}
>>> type(a)
< class 'int'>
>>> type(b)
< class 'str'>
>>> type(c)
< class 'bool'>
>>> type(d)
< class 'list'>
>>> type(e)
< class 'tuple'>
>>> type(f)
< class 'dict'>
```

2.4　运　算　符

Python 与其他语言一样，支持大多数算术运算符、关系运算符、逻辑运算符以及位运算符，还有一些是 Python 独有的运算符。运算时，须遵循运算符优先级的运算规则。

2.4.1　算术运算符

算术运算符是对操作数进行算术运算的一系列特殊符号，如表 2-3 所示。

表 2-3　常用算术运算符

运算符	描　　　述	示　　例
＋	加，左右两数相加	3＋2 返回 5
－	减，左右两数相减	3－2 返回 1
*	乘，左右两数相乘或一个被重复若干次的字符串	3 * 2 返回 6
/	除，左右两数相除，得到浮点数	3/2 返回 1.5
％	取模，返回除法的余数	5％3 返回 2
x ** y	幂，返回 x 的 y 次方	3 ** 2 返回 9
//	取整，返回商的整数部分	3//2 返回 1

例如：

```
>>> x = 5；y = 3
>>> s3 = x * y                                              ＃15
>>> s4 = x % y                                              ＃2
```

虽然算术运算理解比较简单,但无论在日常生活中,还是在计算机领域,它都发挥着重要作用。例如,在奇偶校验、循环冗余校验、散列函数、密码学等领域都有相关求余(％)的应用。

2.4.2　比较运算符

比较运算符一般用于值的比较,如表 2-4 所示。当比较结果正确时,返回 Ture,否则返回 False。

表 2-4　常用比较运算符

运算符	描　　述	示　　例
==	判断左右两个操作数的值是否相等	1==2 返回 False
!=	判断左右两个操作数的值是否不相等	3!=2 返回 True
>	判断左操作数是否大于右操作数	3>2 返回 True
<	判断左操作数是否小于右操作数	3<2 返回 False
>=	判断左操作数是否大于或等于右操作数	3>=3 返回 True
<=	判断左操作数是否小于或等于右操作数	2<=1 返回 False

注意：在 Python 旧版本中,不等于可以用<>来表示不相等,但 Python 3 已经移除该运算符。

例如：

```
>>> x = 5；y = 3
>>> if(x == y):
        print('{}等于{}'.format(x,y))
    else:
        print('{}不等于{}'.format(x,y))

5 不等于 3
```

2.4.3　赋值运算符

赋值运算符用于变量的赋值与更新,如表 2-5 所示。

表 2-5　常用赋值运算符

运算符	描　　述	示　　例
=	简单赋值,将右操作数赋值给左操作数	c=a 相当于将 a 赋值给 c
+=	相加赋值,左右相加的结果赋给左操作数	c+=a 相当于 c=c+a
-=	相减赋值,左右相减的结果赋给左操作数	c-=a 相当于 c=c-a
*=	相乘赋值,左右相乘的结果赋给左操作数	c*=a 相当于 c=c*a
/=	相除赋值,左右相除的结果赋给左操作数	c/=a 相当于 c=c/a
%=	取模赋值,左右取余的结果赋给左操作数	c%=a 相当于 c=c%a
**=	指数赋值,求幂后将结果赋给左操作数	c**=a 相当于 c=c**a
//=	取商赋值,商的整数部分赋值给左操作数	c//=a 相当于 c=c//a

例如：

```
>>> a = 3
>>> a += 8
>>> a
11
>>> a// = 2
>>> a
5
>>> a/ = 2
>>> a
2.5
```

2.4.4　逻辑运算符

逻辑运算符包含逻辑与(and)、逻辑或(or)、逻辑非(not)，如表 2-6 所示。

表 2-6　常用逻辑运算符

运算符	描　　述	示　　例
and	当两个操作数都为真时，返回 True，否则返回 False	3 > 2 and 5 < 1 返回 False
or	至少有一个操作数为真时，返回 True，否则返回 False	3 > 2 or 5 < 1 返回 True
not	用于反转操作数的逻辑状态	not True 返回 False

例如：

```
>>> a = 11;b = 22
>>> a > 10 and b < 10
False
```

2.4.5　成员运算符

成员运算符用于判断指定的值是否在某一序列中，序列包括字符串、列表或元组，如表 2-7 所示。

表 2-7　常用成员运算符

运算符	描　　述	示　　例
in	如果在指定的序列中找到值，返回 True，否则返回 False	x in y，如果 x 在 y 序列中，返回 True
not in	如果在指定的序列中没找到值，返回 True，否则返回 False	x not in y，如果 x 不在 y 序列中，返回 True

例如：

```
>>> L = [1,2, 'a', 'b']
>>> 2 in L
True
```

2.4.6　运算符优先级

当一个表达式中出现多个运算符时，Python 会先比较各个运算符的优先级，然后按照优先级从高到低的顺序依次执行;当遇到优先级相同的运算符时,则根据自左向右的顺序执行。运算符优先级如表 2-8 所示,优先级数值越小,优先级越高,即括号"()"优先级最高。

表 2-8　运算符优先级

优先级	运　算　符	描　述
1	()	圆括号
2	**	幂运算
3	*、/、%、//	乘、除、取模和取整除
4	=、%=、/=、//=、-=、+=、*=、**=	赋值运算符
5	+、-	加、减
6	>>、<<	右移、左移运算
7	&	按位与
8	^	按位异或
9	|	按位或
10	>、>=、<、<=、==、!=	比较运算符
11	is、is not	身份运算符
12	in、not in	成员运算符
13	not、or、and	逻辑运算符
14	lambda	lambda 表达式

例如:

```
>>> 20 + 12/2 ** 2 * 11
53.0
>>> 20 + 81/3 ** (2 * 2)
21.0
```

虽然 Python 运算符存在优先级的关系,但不推荐过度依赖运算符的优先级,这会导致程序的可读性降低。如果一个表达式过于复杂,可以尝试把它拆分来书写,或者尽量使用圆括号控制表达式的执行顺序。

本 章 小 结

注释语句　单行注释用#,多行注释用三引号

输入和输出函数　input()、print()

书写
　　多行语句
　　　　一条语句写多行,行尾加 "\"
　　　　一行写多条语句,每句之间用 ";" 隔开
　　缩进规则　同一代码块的语句,必须保证相同缩进空格数

变量
- 定义　x=4 #不需要提前申明，创建时直接赋值
- 标识符命名规则
  - 组成：字母、数字、下画线
  - 注意1：不能以数字开头
  - 注意2：下画线开头代表特殊含义
  - 注意3：区分大小写
  - 注意4：不能是Python关键字
- 标识符命名法　大驼峰法、小驼峰法、下画线分隔法

运算符
- 算术运算符　+、-、*、/、%、**、//
- 比较运算符　==、! 、=、>、>=、<、<=
- 赋值运算符　=、+=、-=、*=、/=、%=、**=、//=
- 逻辑运算符　and、or、not
- 成员运算符　in、not in

数字
- 类型分类　整数、浮点数、复数、布尔型
- 类型转换函数　int()、float()、complex()、bool()

字符串
- 书写格式　前后引号（单引号、双引号、三引号）
- 字符转义
  - \n：换行，\t：空4格
  - 前缀r或R：保留原始的字符串
- 常用操作
  - 简单提取指定位置字符　字符串[index]
  - 字符串切片操作　字符串[start: stop: step]
  - 字符串拼接　+拼接、*重复
  - 字符串长度　len

列表
- 有序元素的集合　使用最频繁的数据类型
- 创建列表　使用[]直接创建、list()转成列表类型
- 常用操作
  - 提取元素
    - 简单提取：列表[index]
    - 切片操作：列表[start: stop: step]
  - 增加：append()、extend()、insert()、copy()
  - 删除：del命令、pop()、remove()
  - 修改：根据索引，重新赋值即可
  - 查询：根据列表索引/列表元素
- 其他操作　count()、sort()、sorted()、reverse()、len()、+、*

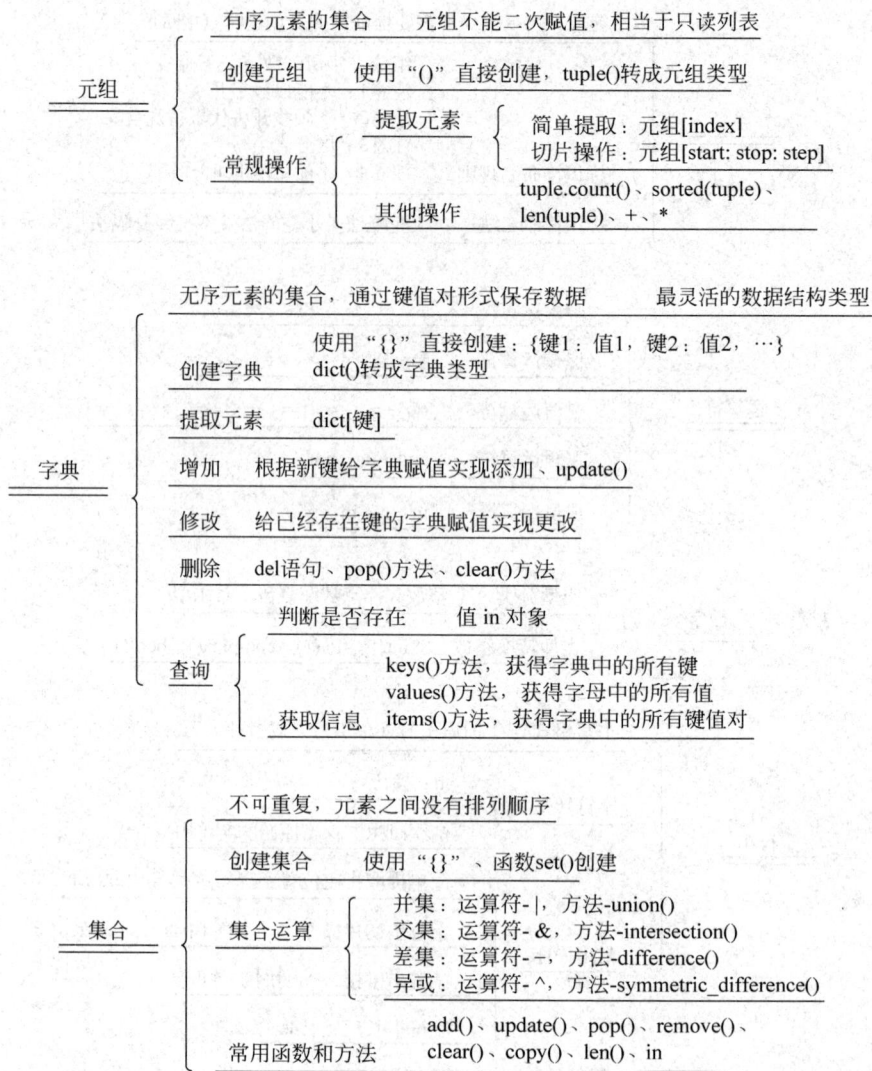

```
                                 有序元素的集合    元组不能二次赋值，相当于只读列表

                                 创建元组    使用 "()" 直接创建，tuple()转成元组类型

          元组                                       简单提取：元组[index]
                                       提取元素      切片操作：元组[start: stop: step]
                                 常规操作
                                                     tuple.count()、sorted(tuple)、
                                       其他操作      len(tuple)、+、*
```

```
                       无序元素的集合，通过键值对形式保存数据    最灵活的数据结构类型

                                       使用 "{}" 直接创建：{键1：值1，键2：值2，…}
                       创建字典    dict()转成字典类型

                       提取元素    dict[键]

          字典         增加    根据新键给字典赋值实现添加、update()

                       修改    给已经存在键的字典赋值实现更改

                       删除    del语句、pop()方法、clear()方法

                             判断是否存在    值 in 对象

                       查询                 keys()方法，获得字典中的所有键
                             获取信息       values()方法，获得字母中的所有值
                                            items()方法，获得字典中的所有键值对
```

```
                    不可重复，元素之间没有排列顺序

                    创建集合    使用 "{}"、函数set()创建

                                     并集：运算符-|，方法-union()
          集合        集合运算       交集：运算符-&，方法-intersection()
                                     差集：运算符--，方法-difference()
                                     异或：运算符-^，方法-symmetric_difference()

                                     add()、update()、pop()、remove()、
                    常用函数和方法   clear()、copy()、len()、in
```

习 题 2

选择题

(1) 在 Python 中，语句块的标志是(　　)。

    A. 分号　　　　　　B. 逗号　　　　　　C. 缩进　　　　　　D. /

(2) 变量名 userName 属于(　　)命名方式。

    A. 大驼峰式　　　　B. 小驼峰式　　　　C. 大小驼峰式　　　D. 其他

(3) 下列对于标识符的描述中，错误的是(　　)。

    A. 标识符不能以数字开头

    B. 保留字符作为标识符时会出错

C. 标识符不区分大小写

D. 标识符可以由数字、字母和下画线组成

(4) 在 Python 中,(　　)函数将内容输出到终端。

A. console()　　　　B. echo()　　　　C. print()　　　　D. output()

(5) 定义变量 num1＝20,s1＝str(num1),则 s1＝(　　　)。

A. 20　　　　　　　B. 20.0　　　　　C. '20'　　　　　D. '20.0'

(6) 定义变量 a＝'12bd121',则 a. strip('1')＝(　　　)。

A. '2bd2'　　　　　B. '2bd12'　　　　C. '12bd121'　　　D. '2bd121'

(7) 变量 str＝'You are student!',则 str[4:9]＝(　　　)。

A. are st　　　　　B. are s　　　　　C. are stu　　　　D. are stud

(8) 变量 str＝'You are teacher!',则 str[:9]＝(　　　)。

A. You are t　　　　　　　　　　B. You are teac

C. You are tea　　　　　　　　　D. You are te

(9) Python 语句 print(r'\nGood')的运行结果是(　　　)。

A. 新行和字符串 Good　　　　　　B. r'\nGood'

C. 字符 r、新行和字符串 Good　　　D. \nGood

(10) 列表在 Python 中是(　　　)序列。

A. 有序　　　　　　　　　　　　B. 无序

C. 有序,也可以无序　　　　　　　D. 其他

(11) 对于列表 L＝['Lucy','Liny','Tom','Mike','David'],下述表达式中正确的是(　　　)。

A. L. remove(1)　　　　　　　　B. L. index('Jack')

C. L. append('Helen','Mary')　　D. L[2]＝'Jack'

(12) 定义变量 m＝[1,3,4],当执行 m. append(6)后,m 的值为(　　　)。

A. [1,2,3,4]　　B. [1,2,3,5]　　C. [1,3,4,6]　　D. [6,1,2,3]

(13) 对元组操作不合法的是(　　　)。

A. sorted(tuple1)　　　　　　　B. tuple1. count()

C. tuple1. sort()　　　　　　　　D. tuple1. index()

(14) (　　　)类型是 Python 的键值对类型。

A. 元组　　　　　B. 集合　　　　　C. 字典　　　　　D. 列表

(15) 如果 Python 程序执行时产生了"TypeError"错误,其原因是(　　　)。

A. 代码中缺少":"符号　　　　　　B. 代码使用了错误的关键字

C. 代码中的数据类型不匹配　　　　D. 代码中的语句嵌套层次太多

(16) 表达式 type('45')的结果是(　　　)。

A. < class 'type'>　　　　　　　B. < class 'str'>

C. < class 'float'>　　　　　　　D. None

(17) Python 表达式中,可以使用(　　　)控制运算的优先顺序。

A. 圆括号()　　B. 方括号[]　　C. 花括号{}　　D. 尖括号< >

(18) 'ab'＋'c' * 2 结果是(　　　)。

A. abc2　　　　　B. abcabc　　　　C. abcc　　　　　D. ababcc

(19) 已知 x=7,那么执行语句 x+=8 之后,x 的值为(　　)。

    A. 15   B. 9   C. 8   D. 7

(20) 已知 x=2,那么执行语句 x*=x+1 之后,x 的值为(　　)。

    A. 2   B. 3   C. 5   D. 6

(21) 设 a=7,b=-2,c=4,表达式 a%3+b*b-c//5 的值为(　　)。

    A. 4   B. 3   C. 5   D. 7

(22) 如果 Python 程序执行时,产生了"unexpected indent"的错误,其原因是(　　)。

    A. 代码中使用了错误的关键字   B. 代码中缺少":"符号

    C. 代码中的语句嵌套层次太多   D. 代码中出现了缩进不匹配的问题

(23) 下面 Python 代码执行时,产生"SyntaxError：EOL while scanning string literal"语法错误,其原因是(　　)。

```
>>> print('hello python)
```

    A. 代码中使用了错误的关键字   B. 代码中缺少":"符号

    C. 在字符串首尾忘记加引号   D. 代码结构的缩进错误

(24) 下面 Python 程序执行时,产生"SyntaxError：invalid syntax"语法错误,其原因是(　　)。

```
>>> if x = 3: print('hello python')
```

    A. 代码中使用了错误的关键字

    B. 代码中缺少";"符号

    C. 代码中出现了缩进不匹配的问题

    D. 赋值运算符(=)与比较运算符(==)混淆

第3章 流程控制

Python 程序中,对程序流程的控制主要通过条件语句、循环语句来实现。其中,条件语句是按预设条件执行程序的,包括 if 语句;而控制语句则是重复执行某些代码的,包括 while 语句和 for 语句。

3.1 条件语句

在日常生活中,经常会遇到一些需要做决策的事情。同样,在程序中也会遇到在不同情况下选择不同的操作,这就需要用到条件语句。

3.1.1 if 语句

if 语句根据表达式的运行结果,有选择性地执行某条语句或语句块。

语法:

```
if 表达式 1:
    语句块 1
elif 表达式 2:
    语句块 2
elif 表达式 3:
    语句块 3
...
else:
    语句块 N
```

注意:每个条件后都要使用(:)来表示接下来满足条件时需要执行的语句块,使用缩进来划分语句块,相同缩进的语句组成一个语句块。条件语句中,elif、else 语句根据情况可有可无。如果只有 if 语句,一般称为单分支条件语句,否则称为多分支条件语句。

单分支条件语句可以简写成一行:"if 表达式:语句块"。

示例:

```
a = 100
if ( a == 100 ) : print('变量 a 的值为 100')          #简写方式
```

运行结果:

变量 a 的值为 100

3.1.2 拓展练习

【任务描述】

运用 if 语句编写程序,实现对考试成绩进行等级划分:分数≥90,等级为优秀;80≤分数<90,等级为良好；70≤分数<80,等级为中等；60≤分数<70,等级为及格；分数<60,等级为不及格。

【任务分析】

通过以下步骤实现上述任务。

（1）通过 input()函数输入成绩。

（2）通过条件语句,判断成绩等级。

（3）输出结果。

【任务实现】

```
#输入成绩,得到字符串数据,须将其转换成整数,并赋给变量 score
score = int(input('请输入一个学生的成绩: '))
#根据学生的成绩判断对应等级
if 90 <= score and score <= 100:
    print('该学生的成绩等级为:优秀')
elif 80 <= score:
    print('该学生的成绩等级为:良好')
elif 70 <= score:
    print('该学生的成绩等级为:中等')
elif 60 <= score:
    print('该学生的成绩等级为:及格')
else:
    print('该学生的成绩等级为:不及格')
```

3.2 循环语句

循环是指根据关系或逻辑表达式的运算结果来决定是否重复执行指定的程序。循环语句一般有两种：while 语句和 for 语句。

3.2.1 while 语句

while 语句一般用于执行次数不固定的循环。

语法：

```
while 表达式:
    语句块 1
else:
    语句块 2
```

示例：用 while 语句打印 1~20 的整数(包含 20)。

```
i = 1
while i <= 20:
    print(i)
    i = i + 1
```

3.2.2 for 语句

for 语句一般用于执行固定次数的循环,常用来遍历可迭代对象的每个元素。

语法：

```
for 循环变量 in 可迭代对象:
    循环语句块
else:
    语句块
```

说明：else 部分可以省略。循环正常结束后,才执行 else 语句块。如果用 break 跳出循环,则不会执行 else 语句块。

示例：用 for 语句遍历字符串、列表、range()函数生成的数字序列。

```
#遍历字符串
for i in 'abc':
    print('当前字母:{}'.format(i))
当前字母: a
当前字母: b
当前字母: c

#遍历列表
for i in ['apple', 'banana', 'peach']:
    print(i)
apple
banana
peach

#遍历 range()函数生成的序列
for i in range(2):
    print(i)
0
1
```

3.2.3　其他语句

1. break 语句

break 语句用于跳出 while、for 循环语句的执行。注意,只能跳出距离它最近的那一层循环。

示例：

```
for i in range(3):
    print(i)
    if i == 1: break            #跳出当前循环
    print(' * ')
```

运行结果：

```
0
 *
1
```

2. continue 语句

跳过当前循环中的剩余语句,继续下一次循环。注意,continue 语句跳出本次循环,而 break 是跳出整个循环。

示例：

```
for i in range(3):
    print(i)
    if i == 1: continue              # 跳过本次循环
    print('*')
```

运行结果：

```
0
*
1
2
*
```

3. pass 语句

pass 语句不做任何事情,只起到占位的作用。

示例：

```
for i in range(3):
    print(i)
    if i == 1: pass
    print('*')
```

运行结果：

```
0
*
1
*
2
*
```

3.2.4　拓展练习

【任务描述】

用字符串 s1='ABC'和 s2='12',生成列表['A1', 'A2', 'B1', 'B2', 'C1', 'C2']。

【任务分析】

通过以下步骤实现上述任务。

(1) 创建 2 个字符串变量,并赋给其初始值。

(2) 创建一个空列表,用于保存循环过程中生成的新值。

(3) 设置循环语句,遍历这些字符串,并把拼接的结果追加到列表中。

(4) 输出列表值。

【任务实现】

```
# 创建 2 个变量,并赋初始值
s1 = 'ABC'
s2 = '12'
# 创建空列表
list1 = []
# 遍历字符串
for i in s1:
    for j in s2:
        # 追加拼接值
```

```
        list1.append(i + j)
#打印结果
print(list1)
```

本 章 小 结

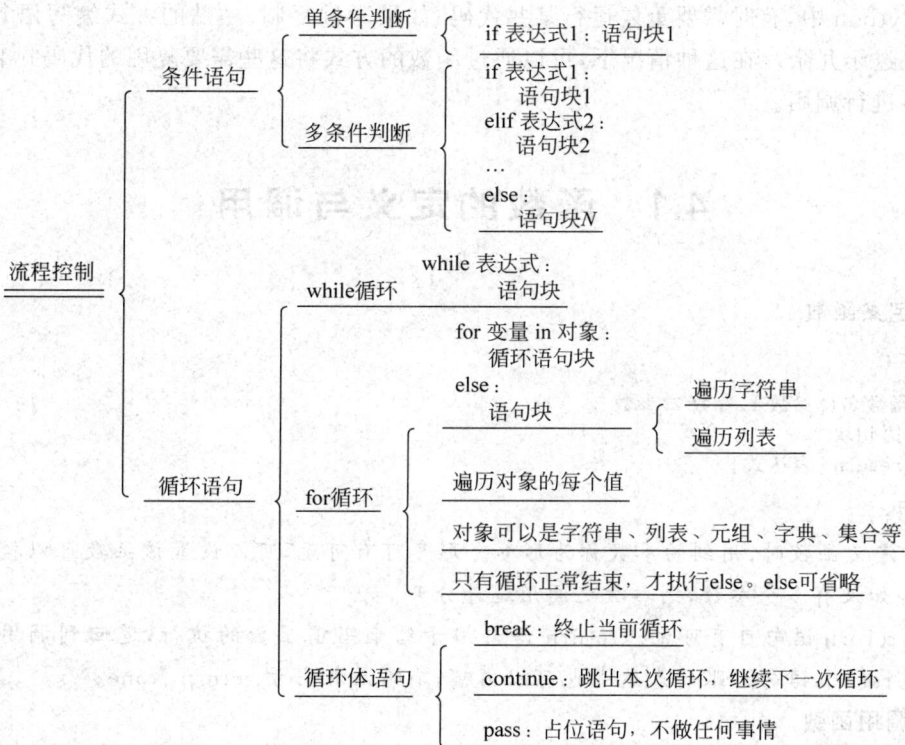

习　题　3

编程题

（1）使用 if 语句判断一个变量是否为偶数。

（2）使用 if 语句判断输入的数值是否能被 2 或 5 整除。

（3）编写代码实现以下功能：给出一个年份，判别该年是否为闰年，并输出结果。闰年规则：每 4 年一闰年，每 100 年不是闰年，每 400 年又是闰年。例如，2000 年是闰年，2100 年不是闰年，2020 年是闰年。

（4）输入三个整数，按照从小到大的顺序输出它们的值。

（5）输出 100 以内的素数。

第4章 函 数

在 Python 中,有时需要重复运行某些代码,如果通过复制、粘贴的方式编写语句块,就会使程序过于冗余。在这种情况下,可以通过函数的方式将这些需要复用的代码封装起来,需要时再进行调用。

4.1 函数的定义与调用

1. 定义函数

语法:

```
def 函数名([参数1,参数2,参数3,…]):
    语句块
    return [表达式]
```

说明:

(1) 定义函数时,用到的参数称为形参。形参可有可无,可以设置该函数可以接收多少个参数。如果有多个参数,则参数之间用逗号分开。

(2) return 语句可有可无。return 语句用于结束当前函数的执行,返回到调用该函数的地方。return 语句后跟的表达式也可以省略,省略后相当于 return None。

2. 调用函数

调用函数时,即使函数不需要参数,也必须保留一对空的"()"。括号内参数是调用函数时需要传入的具体数值。

语法:

```
函数名([实参1,实参2,实参3,…])
```

4.2 函数的参数

1. 位置参数

调用函数时,根据函数定义的位置参数来传递参数值。

示例:编写求两个数中较大值的函数。

```
def getMax(n1,n2):
    max = n1
    if(n1 < n2):max = n2
    return max
```

```
print('(2、5)中较大值为{}'.format(getMax(2,5)))
```

需要注意的是，如果函数定义了多个位置参数，则在调用函数时，传递的数据要与定义的参数一一对应。

2. 默认参数

定义函数时，可以给函数的形参设置默认值。在调用函数时，默认参数的实参值可有可无。如果默认参数有新值传入，则程序将传入的新值替换默认值。若默认参数无值传入，则直接使用默认值。需要注意的是，默认参数定义要在位置参数的后面，否则会出错。

示例：编写输出用户名和年龄的函数。

```
def stuInfo(name,age = 18):
    print('{}年龄为{}'.format(name,age))

print('不改变默认参数:')
stuInfo('小王')
print('改变默认参数后:')
stuInfo('小王',21)
```

运行结果：

```
不改变默认参数:
小王年龄为 18
改变默认参数后:
小王年龄为 21
```

3. 关键字参数

调用函数时，用户可以直接设置参数的名称与其默认值，这种类型的参数属于关键字参数。设置函数的参数时可以不依照它们的位置排列顺序，因为 Python 解释器能够用参数名匹配参数值。

示例：编写求两个数的和的函数。

```
def add(n1,n2):
    return n1 + n2

print(add(n2 = 3,n1 = 2))
```

运行结果：

```
5
```

4. 可变参数

若要实现 3 个数的相加，按上面思路，则需重新创建一个可以传入 3 个参数的函数。假设需要实现 10 个数相加、100 个数相加呢？最佳解决方案是创建可变参数。在定义函数时，不需要预设参数个数，只须在形参名称前加星号（ * ）即可。

语法：

```
def 函数名( * parameters):
    ...
```

示例：创建不定参的求和函数 sum，实现多数值相加。

```
def sum( * args):
```

```
        s = 0
for arg in args:
        s += arg
    return s

print('不定参函数的示例:')
print('2 个参数:2 + 5 = {}'.format(sum(2,5)))
print('3 个参数:2 + 3 + 5 = {}'.format(sum(2,3,5)))
print('4 个参数:2 + 3 + 5 + 7 = {}'.format(sum(2,3,5,7)))
```

运行结果:

```
不定参函数的示例:
2 个参数:2 + 5 = 7
3 个参数:2 + 3 + 5 = 10
4 个参数:2 + 3 + 5 + 7 = 17
```

说明:

(1) * args:以元组的形式把所有参数值保存到 args 中,用户通过元组的操作获取所有值。

(2) ** kwargs:以字典形式将所有参数值保存到 kwargs 中,用户通过操作字典获取所有值。

(3) 若有多种参数混用时,可变参数永远放在参数的最后面。

4.3 匿 名 函 数

所谓匿名函数,通俗地说就是没有名字的函数。它与 def 定义函数的区别在于其不提供函数名。要声明匿名函数,须使用关键字 lambda,因此也称匿名函数为 lambda 函数。

语法:

```
lambda 参数列表:表达式
```

说明: 参数列表的结构与函数的参数列表是一样的。冒号后面是一个关于参数的表达式,并且表达式只能是单行的。可利用匿名函数输入参数列表的值,输出表达式计算的结果。

示例:通过 lambda 表达式计算两个数的和。先将 lambda 函数赋值给一个变量,然后通过这个变量间接调用该 lambda 函数。

```
sum = lambda x,y:x + y

print(sum(9,2))
```

运行结果:

```
11
```

需要注意的是,lambda 函数需要一个表达式,所以不能直接使用 print()函数。lambda 函数通常作为内置函数的参数来使用。

4.4 变量范围

按有效范围来划分,变量分为全局变量和局部变量。

(1) 全局变量:定义在函数外的变量,有效范围是整个 Python 文件。

(2) 局部变量:定义在一个函数内的变量,有效范围限于该函数中。

若存在相同名字的全局变量和局部变量,则在函数内部使用局部变量,而在函数外面,因局部变量不存在,故使用全局变量。

示例:

```
total = 10
print('调用函数前,全局变量 total 值为:{}'.format(total))

# 自定义函数
def sum( * args):
    total = 0
    print('局部变量 total 初始值为:{}'.format(total))
    for arg in args:
        total += arg
    print('局部变量 total 终值为:{}'.format(total))
    return total

# 调用函数
sum(2,5,7)
print('调用函数后,全局变量 total 值为:{}'.format(total))
```

运行结果:

```
调用函数前,全局变量 total 值为:10
局部变量 total 初始值为:0
局部变量 total 终值为:14
调用函数后,全局变量 total 值为:10
```

从运行结果看,全局变量与局部变量名称虽然相同,但使用范围有所不同。

若想在函数内使用全局变量,须在函数内使用关键字 global 声明。下面在以上代码的基础上,在函数内部添加 global total 语句,测试全局变量值的变化。

```
total = 10
print('调用函数前,全局变量 total 值为:{}'.format(total))

# 自定义函数
def sum( * args):
    global total
    total = 0
    for i in range(len(args)):
        total += args[i]
    return total

# 调用函数
sum(2,5,7)
```

```
print('调用函数后,全局变量 total 值为:{}'.format(total))
```

运行结果:

```
调用函数前,全局变量 total 值为:10
调用函数后,全局变量 total 值为:14
```

注意:虽然 global 看起来很好用,但建议在程序中少用,因为它会使代码变得混乱,可读性变差。

4.5 常用内置函数

在程序中,若某段代码需要反复执行,则可封装成一个函数,但如果每一项功能都由开发者自行开发也不太现实。Python 中提供了许多系统内置函数,供开发者使用。常用的内置函数如表 4-1 所示。

表 4-1 常用的内置函数

函数名	说　明	函数名	说　明
abs()	返回绝对值	min()	返回最小值
chr()	返回参数所表示的字符	round()	返回四舍五入值
int()	转换成整数	sum()	对序列进行求和计算
float()	转换成浮点数	sorted()	生成序列的副本,然后对副本进行排序
len()	返回参数的元素个数	type()	返回数据类型
max()	返回最大值		

示例:输入若干正整数,应用内置函数求出输入数的个数、最大值、最小值、总和以及排序。

```
num = 0
list1 = [ ]
while(num!= - 1):
    num = int(input('请输入正整数( - 1 表示退出):'))
    list1.append(num)
list1.pop()                 #删除用于退出的 - 1 值
print('共输入{}个数'.format(len(list1)))
print('最大数是{}'.format(max(list1)))
print('最小数是{}'.format(min(list1)))
print('输入数总数是{}'.format(sum(list1)))
print('输入数从小到大排列{}'.format(sorted(list1)))
```

4.6 导入函数模块

4.6.1 导入模块

下面介绍代码封装,会提到一些重要概念,如函数、模块、包和库等。它们的相互关系如图 4-1 所示。

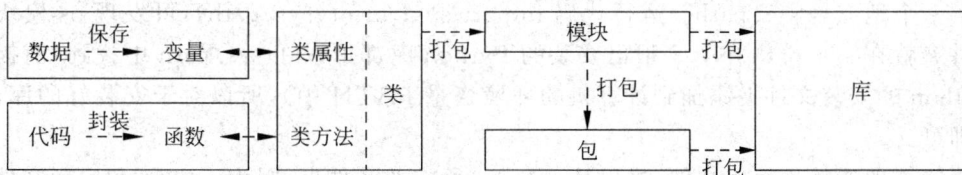

图 4-1 函数、模块、包与库关系

说明：

（1）数据以字符串、数字、列表、元组、字典等数据类型的方式保存在变量中。

（2）函数是一个拥有名称、参数和返回值的代码块。如果不调用函数，函数体的代码是不执行的。函数通过参数和返回值与其他程序进行交互。

（3）类将数据和函数进行再一次封装。实例化类后，程序通过对象（类实例）的方法来完成预定的功能。

（4）模块是一个文件名以.py 结尾的 Python 文件。需要时，就可以用 import 语句导入。

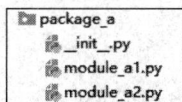

图 4-2 Python 包结构

（5）包作为文件夹存在，便于管理文件。包的另外一个特点就是文件中必须包含__init__.py 文件，然后是一些模块文件和子包。常见的包结构如图 4-2 所示。系统自带的包可以用 import 命令导入，但第三方包则需要先使用 pip 安装后，才能通过 import 命令导入。通过使用该模块中定义的函数、类、方法或者变量，达到代码复用的目的。

（6）库是参考其他编程语言的说法，就是指 Python 中能完成一定功能的代码集合，因此，也可以理解为库在 Python 中是具有相关功能的包和模块的统称。

导入模块的常用方式主要有 4 种，如表 4-2 所示。

表 4-2 导入函数模块的方式

导　入	调　用	导　入	调　用
from 包 import 模块	模块.函数()	import 模块	模块.函数()
import 包.模块	模块.函数()	from 模块 import 函数	函数()

示例：在 Demo 文件夹内新建两个 Python 文件 m1.py 和 m2.py，目录结构如图 4-3 所示。

m2.py 代码如下。

```python
def printSelf():
    print('In m2')
```

m1.py 代码如下。

```python
import os
import m2
m2.printSelf()
```

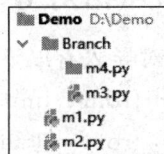

图 4-3 目录结构

运行 Python m1.py，输出"In m2"，说明这样使用 import 没有问题。通常，Python 会在以下这两个地方寻找需要导入的模块文件。

61

第一个地方是 sys. path。运行代码 import sys；print(sys. path)，可发现 os 模块所在的文件夹就在 sys. path 中。一般已安装的 Python 库都可以在 sys. path 中找到(前提是要将 Python 的安装文件夹添加到计算机的环境变量 PATH 中)，所以对于安装好的库，直接导入即可。

第二个地方就是运行文件(这里是 m1. py)所在的文件夹，因为 m2. py 和运行文件在同一文件夹下，所以上述写法也没有问题。

基于上面的例子，在 Demo 文件夹下新建 Branch 子文件夹，并在 Branch 子文件夹中新建 m3. py 文件。

m3. py 代码如下。

```
def printSelf():
    print('In m3')
```

要在 m1. py 中导入 m3. py，须更改 m1. py 代码。修改后的 m1. py 代码如下。

```
from Branch import m3
m3. printSelf()
```

在 Branch 文件夹下新建 m4. py 文件，代码如下。

```
def printSelf():
    print('In m4')
```

然后在 m3. py 中直接导入 m4. py，此时须更改 m3. py 代码，修改后的 m3. py 代码如下。

```
import m4          #导入模块 m4
def printSelf():
    print('In m3')
```

这时运行 m1. py 就会报错，反馈没法导入 m4 模块。

其原因是：在 Python 3 中是绝对导入。m1. py 使用 from Branch import m3 导入 m3. py，然后在 m3. py 中用 import m4 导入 m4. py。而 m4. py 和 m1. py 不在同一文件夹中，此时只能使用相对导入。

```
from . import m4
def printSelf():
    print('In m3')
```

再次运行 m1. py 就可以了。

4.6.2　相对导入

相对导入有以下几种写法。

(1) from . import 模块：导入和自己同文件夹的模块。

(2) from . 包 import 模块：导入同文件夹中的包的模块。

(3) from .. import 模块：导入上级文件夹中的模块。

(4) from .. 包 import 模块：导入位于上级文件夹中的包的模块。

4.6.3　指定别名

当模块名称过长时，可为模块起个简短的别名。语法格式如下。

```
from 包 import 模块 as 别名
import 模块 as 别名
```

使用模块内的方法时,可通过"别名.方法"进行调用。例如:

```
import m2 as f
f.printSelf()
```

4.7　拓 展 练 习

【任务描述】

完成学生信息管理系统,具体要求如下。

(1) 编写程序,可任意输入 n 个学生的信息,以字典形式保存于列表中。

学生的信息包括姓名(字符串)、性别(字符串)、成绩(整数)。循环输入学生信息,直到输入学生姓名为空时结束输入,最后形成字典形式的列表:

```
L = [ {'name':'张山', 'sex':'男', 'score': 92}, {'name':'李思', 'sex': '女', 'score': 100},{'name':
'王武', 'sex': '男', 'score': 80}, … ]
```

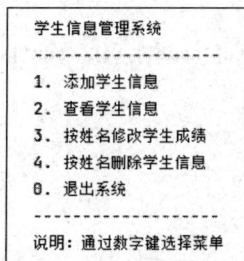

```
学生信息管理系统
--------------------
1. 添加学生信息
2. 查看学生信息
3. 按姓名修改学生成绩
4. 按姓名删除学生信息
0. 退出系统
--------------------
说明: 通过数字键选择菜单
```

图 4-4　学生信息管理系统

(2) 将得到的学生信息进行格式化输出。

(3) 可以修改和删除学生成绩。

(4) 输出菜单,并根据提示选择对应的操作,如图 4-4 所示。

【任务分析】

(1) 定义显示菜单的函数,列举操作的选项。

(2) 定义函数,通过循环实现学生信息(姓名、性别、成绩)的录入。当学生姓名为空时,跳出循环,停止添加。新增学生信息,以字典形式逐个追加到列表中。

(3) 定义显示函数,通过循环获取列表元素,然后格式化输出学生信息。为了解决中英文混排的格式化问题,需使用"♯\u3000"全角空格(中文符号)填充空白处。

(4) 定义修改函数,判断是否存在学生姓名,如果有,则修改对应学生的成绩。如果没有,则提示相应的信息。

(5) 定义删除函数,判断是否存在学生姓名,如果有,则删除对应学生的记录。如果没有,则提示相应的信息。

(6) 输出操作菜单,通过条件语句控制要执行的功能。

(7) 设置程序主入口,__name__是 Python 的内置属性,记录了一个字符串。当前文件的__name__属性值默认为'__main__'。

【任务实现】

```
def show_menu():
    print('''
学生信息管理系统
-------------------------------------
1. 添加学生信息
```

63

2. 查看学生信息
3. 按姓名修改学生成绩
4. 按姓名删除学生信息
0. 退出系统

说明：通过数字键选择菜单
'''）

```python
def input_student():
    stuInfos = []
    while True:
        name = input('请输入学生姓名:')
        if not name: break
        sex = input('请输入学生性别:')
        score = int(input('请输入学生成绩:'))
        stuDic = {'name': name, 'sex': sex, 'score': score}
        stuInfos.append(stuDic)
    return stuInfos


def output_student(stuInfos):
    title = '{:\u3000<12}{:\u3000<8}{:\u3000<10}'.format('姓名', '性别', '成绩')
    print(title)
    for stu in stuInfos:
        print('{:\u3000<12}{:\u3000<8}{:\u3000<10}'.format(stu['name'], stu['sex']\
            str(stu['score'])))


def modify_score(stuInfos):
    name = input('请输入想要修改的学生姓名：')
    for stu in stuInfos:
        if name == stu['name']:
            score = int(input('请输入想要修改的学生成绩：'))
            stu['score'] = score
            print('成功修改{}的成绩为{}'.format(name, score))
            return
    print('没有姓名为{}的学生'.format(name))


def delete_student(stuInfos):
    name = input('请输入想要删除的学生姓名：')
    for stu in stuInfos:
        if name == stu['name']:
            stuInfos.remove(stu)
            print('删除{}成功'.format(name))
            return
    print('删除失败,找不到姓名为{}的学生'.format(name))


def main():
    students = []
    while True:
        show_menu()
        op = input('请选择要做的操作：')
        if op == '1':
```

```
        students.extend(input_student())
    elif op == '2':
        output_student(students)
    elif op == '3':
        modify_score(students)
    elif op == '4':
        delete_student(students)
    elif op == '0':
        return
    else:
        print('输入错误')
        input('请按回车键返回主菜单.......')


if __name__ == '__main__':
    main()
```

本 章 小 结

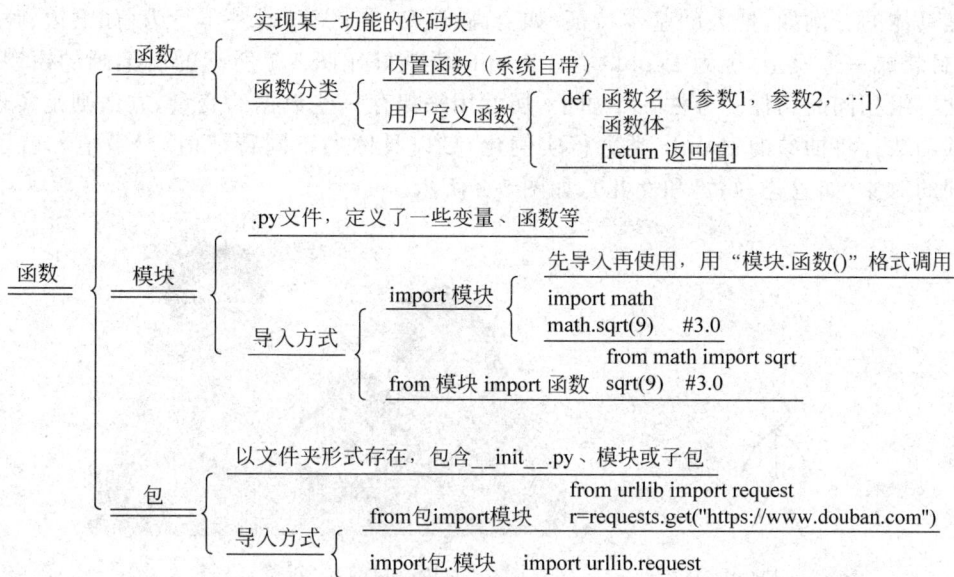

习 题 4

编程题

（1）编写求和函数，sum(n)＝1＋2＋3＋…＋n，n 作为参数，从键盘输入。

（2）编写求阶乘函数，factorial(n)＝1×2×3×…×n，n 作为参数，从键盘输入。

（3）参照本章拓展练习中的学生管理系统涉及的代码与实现思路，完成通信录管理系统。

第5章 面向对象编程

Python 是一门面向对象的编程语言。面向对象编程是一种程序设计思想，它把数据和数据操作紧密地连接在一起，封装成类的属性和方法，从而保护数据不会被外部的程序随意改变。类和对象是面向对象的核心概念。将类实例化成对象后，程序通过调用对象的方法，来完成预定的功能。本章首先介绍面向对象的基本概念，然后介绍类的定义和类的实例化（对象），最后对面向对象的三大特性——封装、继承、多态进行说明。

5.1 类 与 对 象

面向对象是指利用类和对象来创建各种模型，实现对真实世界的描述。类是抽象的，而对象是具体的。例如，把人的基本特征（如身高、肤色、年龄等）或基本行为（如吃饭、睡觉、思考等）封装成一个模型，称为 People 类。People 类就好比图 5-1 所示的简笔画的模型，模型内包含一组相同的属性和方法。本质上，属性用来保存一些数据的变量，方法则是实现某些功能的函数。将抽象的 People 类进行实例化，赋以具体的不同特征值（参数值），就可表示为不同的对象（如爸爸、妈妈和女儿），如图 5-2 所示。

图 5-1　People 类　　　　　　图 5-2　People 对象（爸爸、妈妈、女儿）

需要注意的是，方法与普通函数的最大区别就是包含一个特殊的参数 self，且需设为第 1 个参数。对象则是根据类而创建的实例，只有实例化后的对象才能执行对象中的方法。例如，只有面对某个具体的人，才能感受到其行为。

5.2 面向过程和面向对象编程

1. 面向过程编程

常见的面向过程编程（procedure oriented programming，POP）语言有 C 语言等。人们

先分析出解决问题所需要的步骤,然后顺着执行的步骤堆叠代码即可。例如,手洗衣服就相当于某个人面向过程的洗衣过程:

找盆→加水→加洗衣液→搓洗→拧干→晾晒

编程思路如下。

(1) 导入各种外部库。

(2) 设计各种全局变量。

(3) 编写若干函数,分别完成上述指定的功能(如找盆)。

(4) 编写一个 main() 函数,作为程序入口,并根据业务逻辑从上到下堆叠代码。

在多函数程序中,许多重要的数据被保存在全局变量中,便于被所有的函数访问。每个函数可以拥有自己的局部变量,并将功能代码封装到函数中,方便日后调用,无须重复编写。

2. 面向对象编程

面向对象编程(object oriented programming,OOP)是用来解决问题的一种新思维模式,本质上还是基于面向过程编程,只是通过类将功能(小步骤)进行了封装。同样是上面的问题,机洗就相当于面向对象的洗衣过程,涉及两个不同的对象(人、洗衣机)。面向对象编程把对象作为程序的基本单元。

人的行为能力:①把衣服扔进洗衣机;②启动洗衣机;③关闭洗衣机;④收起衣服。

洗衣机的功能:①加水;②加洗衣液;③浸泡;④搓洗;⑤脱水;⑥排水;⑦烘干。

面向对象的机洗可以简单模拟为以下过程:

人(①、②)→洗衣机(①、②、③、④、⑤、⑥、⑦)→人(③、④)

从上面案例可以看出:面向过程更多地体现了执行者按顺序完成所有工作;而面向对象中更多地体现是管理者,封装不同的进程,把任务分配给不同的对象去执行。

如果系统中没有提供内置的对象(如洗衣机),就需要通过创建类来实现。首先定义对象的规则,规划需要保存哪些数据,实现哪些功能;然后进行类定义,类似图纸设计。在定义类的过程中,将数据赋给类的属性,把功能封装到类的方法中。接着将类实例化生成对象。在 Python 中,类实例化只须在类名后加一个圆括号“()”即可实现,这一步相当于根据图纸生产产品。最后体验功能,即调用对象的方法去完成指定的任务。

常见面向对象的编程语言有 Python、C++、Java 等。

编程思路如下。

(1) 导入各种外部库。

(2) 设计各种全局变量。

(3) 设计不同的类(如人、洗衣机),给每个类提供完整的一组操作,如设置普通不带烘干功能的洗衣机 6 个基本功能,分别实现加水、加洗衣液、浸泡、搓洗、脱水、排水等。

(4) 明确子类使用继承的方法来实现父类的数据属性和方法的重用,减少代码冗余。利用增加或重写子类属性和方法实现多态,展示子类之间的差异,如设计带烘干功能的洗衣机。

(5) 根据需要,决定是否写一个 main() 函数作为程序入口,分配任务给不同对象去执行。

3. 编程方式的区别

面向过程编程是按照执行的顺序堆叠代码,极大地降低了编写程序的复杂度。它的性能比面向对象高,因为类调用时需要实例化,比较消耗资源。例如,单片机、嵌入式开发、Linux/UNIX 等,一般采用面向过程开发,性能是最重要的因素,但不具有面向对象易维护、易复用、易扩展的优点。若有一处代码修改了,相关的程序也需要跟着做相应的修改。

由于面向对象有封装、继承、多态的特性,可以设计出低耦合的系统,使系统更加灵活、更加易于维护,大大提高程序的开发效率,虽然性能比面向过程低,但由于如今硬件迅猛发展,系统又越来越复杂,权衡利弊,最终还是选择面向对象编程。

5.3 创建类与对象

1. 创建类

在 Python 中,类通过 class 关键字进行定义。语法格式如下。

```
class 类名:
    属性列表
    方法列表
```

在创建类时,需注意以下几点。

(1) 根据约定,Python 类的命名方式通用习惯为首字母大写,这种命名方式称为“大驼峰”命名法,如 People 类。

(2) 类的方法与普通的函数的最大区别是,类方法的参数中都有一个 self 参数,并默认为第 1 个参数。使用对象的属性时,常规的写法是“对象.属性”。由于类定义时还没实例化,并不清楚具体对象名是什么,所以编程时用 self 代表当前对象。

(3) 方法与函数命名没有区别,只是每个人习惯不同而已。函数名称一般用小写字母或下画线连接,本书中方法的名称采用“小驼峰命名法”,首字母小写,从第 2 个单词开始首字母大写,如 getPrice。

2. 创建对象(实例化类)

在 Python 程序中,定义好类之后,即可用来实例化对象。语法格式如下。

```
对象变量 = 类名()
```

若想给对象添加属性,可以通过以下方式实现。

```
对象.新属性 = 值
```

访问对象的属性,通过“对象.属性”语法来实现,当然也可以通过该方式实现对属性的新增和修改。同理,访问对象的方法,也是通过“对象.方法()”的格式来实现。

示例:编写某商家的收银程序,根据客人购买的商品单价和数量生成所购商品的价格。

```
#创建 Bill 类
class Bill():
    #类属性,保存商品单价和数量
    unit = 5
    num = 10
    #类方法,获取商品总价
    def getPrice(self):
        price = self.unit * self.num
```

```
        return price

# 创建对象(类实例)
b = Bill()
print(b.getPrice())
```

5.4　类的专有方法

任何类都有专有方法。它们通常用双下画线"__"开头和结尾,在代码中就可以看出其特殊性。常见类的专有方法如表 5-1 所示。

表 5-1　类的专有方法

专有方法名	功　　能	专有方法名	功　　能
__init__	构造方法,在生成对象时调用	__call__	方法调用
__del__	析构方法,释放对象时使用	__add__	加运算
__repr__	打印,转换	__sub__	减运算
__setitem__	按照索引赋值	__mul__	乘运算
__getitem__	按照索引获取值	__div__	除运算
__len__	获得长度	__mod__	求余运算
__cmp__	比较运算	__pow__	乘方运算

Python 中,__init__()是类的一个特殊方法,当根据类实例化创建新对象时,Python 都会自动运行它,主要用于初始化对象的属性。当然,__init__()方法也可以有参数,参数值会通过__init__()传递到类的实例化操作上。

对 5.3 节中的示例修改如下。

```
# 创建 Bill 类
class Bill():
    # 构造方法
    def __init__(self, unit, num):
        # 类属性,保存商品单价和数量
        self.unit = unit
        self.num = num

    # 类方法,获取商品总价
    def getPrice(self):
        price = self.unit * self.num
        return price

# 创建对象(类实例)
b = Bill(5, 10)
print(b.getPrice())
```

在__init__()方法中,实现对属性 unit 和 num 进行初始化的操作。创建类时,除了参数 self 外,本例还需提供两个形参(unit、num)。在类实例化时,通过实参向 Bill 对象(类实例)

传递单价和数量。参数 self 代表当前对象,会在属性与方法之间进行数据传递。调用时不必为 self 参数赋值。

5.5 面向对象编程的特性

面向对象编程有三个基本特性:封装、继承和多态。

5.5.1 封装

封装就是把客观事物封装成抽象的类,使外部无法访问。封装的目的是增强安全性和简化编程,且用户不必了解具体的实现细节。用户通过调用指定类的方法(set/get),即可通过外部接口、特定访问权限来使用类的成员。

简而言之,隐藏属性、方法的过程称为封装。如果想保护类内部的属性,避免外界任意赋值,则可采用以下方式来实现。

(1) 在属性名的前面加上双下画线"__",定义属性为私有属性。

(2) 通过在类内部定义的方法(set/get)供外界调用,实现私有属性的设置与获取。

示例:

```
# 创建 Bill 类
class Bill():
    # 构造方法
    def __init__(self,unit,num):
        # 类属性,保存商品单价、数量
        self.__unit = unit
        self.num = num

# 创建对象实例
b = Bill(5,10)
print(b.__unit)
```

运行时,代码会出错,原因是 __unit 属性为私有属性,在类的外部是无法直接调用的。所以,为了能够在外界访问私有属性的值,可以在类中添加两个供外界调用的方法(set/get),分别设置和获取属性值。调整后的代码如下。

```
# 创建 Bill 类
class Bill():
    # 构造方法
    def __init__(self,unit,num):
        # 类属性,保存商品单价、数量
        self.__unit = unit
        self.num = num

    # 类方法,设置商品单价的属性值
    def setNewUnit(self,newUnit):
        self.__unit = newUnit

    # 类方法,获取商品单价的属性值
    def getUnit(self):
```

```
        return self.__unit
```

```
＃创建对象实例
b = Bill(5,10)
b.setNewUnit(80)
print(b.getUnit())
```

总结：实现代码封装分为 3 步，首先定义类，然后设置属性私有化，最后给每个属性提供 set/get 方法。

5.5.2　继承

面向对象编程的最大好处是代码复用。继承是指这样一种能力：它可以使用现有类的所有功能，并在无须重新编写原来类代码的情况下，对这些功能进行扩展。通过继承创建的新类称为"子类"或"派生类"，被继承的类称为"基类"或"父类"。要实现继承，可以通过继承和组合来实现。

示例：商场搞活动时，所有商品 7 折优惠。

分析：创建 Bill 子类 DiscountBill，增加 discountPrice()方法实现 7 折优惠。

```
＃创建 Bill 类
class Bill():
    ＃构造方法
    def __init__(self,unit,num):
        ＃类属性,保存商品单价、数量
        self.unit = unit
        self.num = num

    ＃类方法,获取商品总价
    def getPrice(self):
        price = self.unit * self.num
        return price

＃创建 Bill 类的子类 DiscountBill
class DiscountBill(Bill):
    def discountPrice(self):
        consume = 0.7 * self.getPrice()
        return consume

＃创建对象实例
b = DiscountBill(5,10)
print("七折的支付款为{}".format(b.discountPrice()))
```

上述子类只有一个父类，这种继承方式属于单继承。在 Python 程序中，有时一个子类可能有多个父类，这就是多继承。多继承看作单继承的扩展，语法格式如下。

class 子类名(父类 1,父类 2,...):

多继承是指子类拥有多个父类，并且具有它们共同的特征，即子类继承父类的方法和属性。当然，子类也可以对继承的父类方法进行重写，使子类按照自己的方式实现方法，不一定要继承父类的方法。值得注意的是，子类重写的方法和父类的方法要具有相同的方法名和参数列表。

5.5.3　多态

多态是指基类的同一个方法在不同派生类对象中具有不同的表现和行为。派生类继承基类的行为和属性之后,还会增加某些特定的行为和属性,同时还可能对继承过来的某些行为进行一定的改变,这恰恰是多态的表现形式。Python 中主要通过重写基类方法实现多态。

示例:在 5.5.2 小节单继承的基础上增加需求,即中秋节时,购物满 300 元减 100 元;国庆节时,购物总价在 100 元以内,有 1/10 概率免单。

分析:创建 2 个子类(MiddleAutumnBill、NationalDayBill),分别继承 DiscountBill 类,并都对 discountPrice()方法代码进行重写。MiddleAutumnBill 类实现满 300 元减 100 元,NationalDayBill 类实现消费 100 元之内,有 1/10 概率免单。

```python
import random

# 创建 Bill 类
class Bill():
    # 构造方法
    def __init__(self,unit,num):
        # 类属性,保存商品单价、数量
        self.unit = unit
        self.num = num

    # 类方法,获取商品总价
    def getPrice(self):
        price = self.unit * self.num
        return price

# 创建 Bill 类的子类 DiscountBill
class DiscountBill(Bill):
    def discountPrice(self):
        consume = 0.7 * self.getPrice()
        return consume

# 创建 DiscountBill 类的子类 MiddleAutumnBill
class MiddleAutumnBill(DiscountBill):
    # 重写 discountPrice 方法
    def discountPrice(self):
        consume = self.getPrice()
        if (consume > 299) :
            return consume - 100
        return consume

# 创建 DiscountBill 类的子类 NationalDayBill
class NationalDayBill(DiscountBill):
    # 重写 discountPrice 方法
    def discountPrice(self):
        consume = self.getPrice()
        if (consume < 100):
            # 生成 0~9 随机数字,如果为 0 则免单,即 1/10 概率免单
            free = random.randint(0,9)
```

```
            if (free == 0):
                return "0,免单"
        return consume
```

```
#创建对象实例
b = DiscountBill(5,10)
print("七折的支付款为{}".format(b.discountPrice()))
b = MiddleAutumnBill(5,10)
print("中秋节的支付款为{}".format(b.discountPrice()))
b = NationalDayBill(5,10)
print("国庆节的支付款为{}".format(b.discountPrice()))
```

说明：多态允许一个方法有多种不同的接口，例如，discountPrice()实现 3 种不同的折扣。

5.6　拓 展 练 习

【任务描述】

已知三角形的边长分别为 3、4、5，用不同的编程思路编写程序，求出它的周长与面积。提示：根据三边求三角形的面积，这里需要用到海伦公式。

$$p = (a+b+c)/2$$
$$s = \sqrt{p \times (p-a) \times (p-b) \times (p-c)}$$

【任务分析】

(1) 初级编程。按照功能，依次编写执行的代码，代码处理流程属顺序结构。

(2) 进阶编程。面向过程的编程，实现代码封装。定义函数 girth(a, b, c) 和 erea(a, b, c)，求出三角形的周长与面积。通过调用函数，传递实参，从而得出三角形的周长与面积。

(3) 高级编程。面向对象的编程，先定义类 Triangle，设计类的构造方法 __init__(self, a, b, c) 和类的方法，实现三角形周长与面积的运算，然后实例化类生成对象，通过调用对象的方法，实现对应的功能。

【任务实现】

(1) 顺序结构的编程，代码如下。

```
#导入 math 库
import math

#对三角形的边长进行赋值
a = 3;b = 4;c = 5
#求三角形的周长
g = a + b + c
#利用海伦公式求三角形面积
p = g/2
s = math.sqrt(p * (p - a) * (p - b) * (p - c))
#输出信息
print('边长为{}、{}、{}的三角形,周长为{},面积为{}'.format(a,b,c,g,s))
```

73

（2）面向过程的编程，代码如下。

```python
# 导入 math 库
import math

# 自定义函数,求三角形的周长
def girth(a, b, c):
    return a + b + c

# 自定义函数,求三角形的面积
def erea(a, b, c):
    # 先调用 girth()函数得到三角形周长
    p = girth(a, b, c)/2
    # 再利用海伦公式求三角形面积
    temp = math.sqrt(p * (p - a) * (p - b) * (p - c))
    return temp

# 对三角形的边长进行赋值
a = 3;b = 4;c = 5
# 求三角形的周长
g = girth(a, b, c)
# 求三角形的面积
s = erea(a, b, c)
# 输出信息
print('边长为{}、{}、{}的三角形,周长为{},面积为{}'.format(a,b,c,g,s))
```

（3）面向对象的编程，代码如下。

```python
# 导入 math 库
import math

# 定义类 Triangle
class Triangle:
    # 构造方法,初始化属性
    def __init__(self,a,b,c):
        self.a = a
        self.b = b
        self.c = c

    # 类方法,求周长
    def girth(self):
        return self.a + self.b + self.c

    # 类方法,求面积
    def erea(self):
        p = self.girth()/2
        temp = math.sqrt(p * (p - a) * (p - b) * (p - c))
        return temp

# 对三角形的边长进行赋值
a = 3;b = 4;c = 5
# 实例化类,生成对象
t = Triangle(a,b,c)
# 调用对象的方法,得出三角形周长与面积
g = t.girth()
```

```
s = t.erea()
#输出信息
print('边长为{}、{}、{}的三角形,周长为{},面积为{}'.format(a,b,c,g,s))
```

本 章 小 结

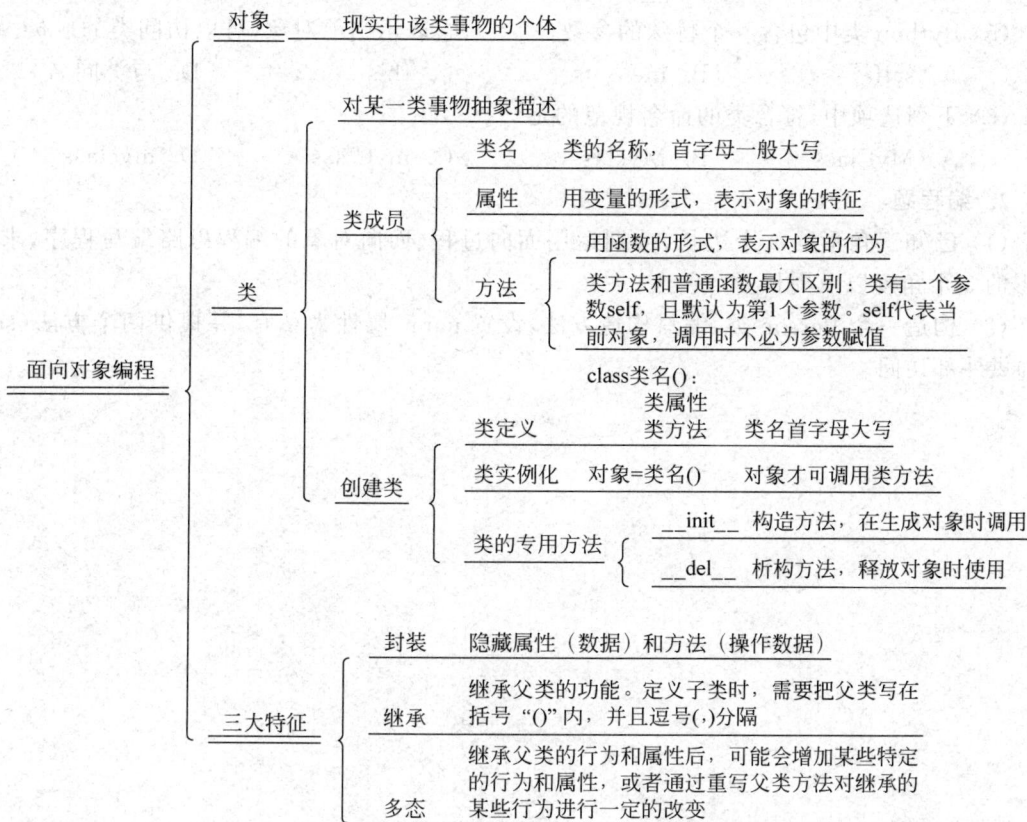

	对象	现实中该类事物的个体			
		对某一类事物抽象描述			
		类成员	类名	类的名称，首字母一般大写	
面向对象编程	类		属性	用变量的形式，表示对象的特征	
			方法	用函数的形式，表示对象的行为	
				类方法和普通函数最大区别：类有一个参数self，且默认为第1个参数。self代表当前对象，调用时不必为参数赋值	

class类名()：
　　类属性
　　类方法　类名首字母大写

创建类
　　类定义
　　类实例化　对象=类名()　对象才可调用类方法
　　类的专用方法
　　　　__init__ 构造方法，在生成对象时调用
　　　　__del__ 析构方法，释放对象时使用

三大特征
　　封装　隐藏属性（数据）和方法（操作数据）
　　继承　继承父类的功能。定义子类时，需要把父类写在括号"()"内，并且逗号(,)分隔
　　多态　继承父类的行为和属性后，可能会增加某些特定的行为和属性，或者通过重写父类方法对继承的某些行为进行一定的改变

习　题　5

1. 单项选择题

(1) 以下关于面向过程和面向对象说法中错误的是(　　　)。

　　A. 面向过程和面向对象都是解决问题的一种思路

　　B. 面向过程是基于面向对象的

　　C. 面向过程强调的是解决问题的步骤

　　D. 面向对象强调的是解决问题的对象

(2) 关于类和对象的关系,下列描述中正确的是(　　　)。

　　A. 类是具体的,对象是抽象的

B. 类是现实中事物的个体

C. 对象是根据类创建的,并且一个类只能对应一个对象

D. 对象描述的是现实的个体,它是类的实例

（3）构造方法的作用是(　　　)。

A. 一般成员方法　　　B. 类的初始化　　　C. 对象的初始化　　　D. 对象的建立

（4）构造方法是类的一个特殊方法,Python 中对应的名称为(　　　)。

A. 与类同名　　　　　B. __construct　　　C. __init__　　　　　D. init

（5）Python 类中包含一个特殊的参数(　　　),它表示当前对象,可以访问类的成员。

A. self　　　　　　　B. me　　　　　　　C. this　　　　　　　D. 与类同名

（6）下列选项中,符合类的命名规范的是(　　　)。

A. MyClass　　　　　B. Myclass　　　　　C. myClass　　　　　D. myclass

2. 编程题

（1）已知三角形的 3 个边长,分别运用面向过程、面向对象的编程思路编写程序,求三角形的 3 个角度以及周长。

（2）构造一个 Person 类,编写构造方法,设置 name 属性为私有,并提供两个方法(set/get)供外部访问。

第6章　文件处理及数据存取

选择恰当的数据存储方式,会使数据提取更加方便快捷。数据保存方式多种多样,最简单的方式就是保存成文本文件,如 TXT、JSON、CSV 等。另外,数据也可以保存到数据库中。本章重点介绍如何处理文件读/写以及数据存取。

6.1　基本文件操作

6.1.1　文件和文件夹管理

Python 提供了 os 内置模块,可以帮助实现文件和文件夹的管理。

1. os 模块

os 是 Python 标准库中负责程序与操作系统交互的模块,它提供了访问操作系统底层的接口,用来处理文件和文件夹。

(1) os. mkdir():创建指定名称的文件夹。如果文件夹已经创建,执行时就会出错,所以在创建之前,一般先使用 os. path 模块的 exists( )方法检查该文件夹是否存在,再决定是否创建该文件夹。

(2) os. rmdir():删除指定文件夹。删除文件夹前,必须先删除该文件夹中的文件。若文件夹不为空,则无法删除。

(3) os. remove():删除指定的文件。一般结合 os. path 模块的 exists()方法来使用,先检查该文件是否存在,再决定是否删除该文件。

2. os. path 模块

path 是 os 模块的子模块。os. path 模块主要用于读取文件的属性以及判断,如获取文件名、文件路径、检查文件是否存在等。使用 os. path 模块前,必须先导入。如果已经加载 os 模块,则无须再加载 path 模块。

(1) os. path. exists():判断路径是否存在。若存在,返回 True;若不存在,则返回 False。

(2) os. path. dirname():返回文件夹的路径。

示例:如果文件夹不存在,则创建该文件夹,否则输出相关的提示信息。

```
import os
dir = 'myDir'
if not os.path.exists(dir):
    os.mkdir(dir)
else:
    print('{}文件夹已存在'.format(dir))
```

```
import os
dir = 'myDir'
if os.path.exists(dir):
    os.rmdir(dir)
else:
    print('{}目录不存在'.format(dir))
```

示例：如果文件存在，则删除该文件，否则输出相关的提示信息。

```
import os
file = 'myFile.txt'
if os.path.exists(file):
    os.remove(file)
else:
    print('{}文件找不到'.format(file))
```

6.1.2　文件读取

文件可以实现数据存储的持久化。读取文本文件一般分为三个步骤：①用 open()函数打开文件。open()是 Python 的内置函数，返回一个文件对象。②对文件进行读/写操作，用到文件对象的 read()、readline()、write()等方法。③关闭文件，用到文件对象的 close()方法，关闭文件并立即释放占用的系统资源。如果没有显式关闭文件，Python 最终也会销毁该对象，并关闭打开的文件，但这个文件可能会保持打开状态一段时间。

1. open()函数
语法：

```
f = open(file, mode, encoding)
```

参数：

（1）file-需要打开的文件。

（2）mode（可选）-打开文件的模式，如只读、追加、写入等。mode 参数也可省略，默认为只读（r）。mode 参数说明如表 6-1 所示。

表 6-1　mode 参数说明

模式	说　　明
r	只读，不可写。若文件不存在，则报错。读取时，文件中的换行符会转换为'\n'形式
w	只写，不可读，会把原内容清空。若文件不存在，则新建文件。写入时，文本中的'\n'会转换为换行符。w＋表示对文件进行读、写双重操作
a	追加内容，在原内容的末尾写入。若文件不存在，则新建文件

当需要以字节（二进制）形式读/写文件时，只需要在 mode 参数后追加"b"即可。例如，rb 表示以二进制格式打开一个文件，用于只读。

（3）encoding：指所要打开文件的编码格式。例如，打开使用 UTF-8 编码创建的文件，则参数值需设置为 encoding＝'utf-8'。注意，使用不正确的字符编码去解析文件，可能会导致字符转换失败和出错。

返回值：

文件对象。

2. 文件对象常用的方法

f.read([size])：读取数据，返回字符串(在文本模式下)或字节对象(在二进制模式下)。也可以指定读取文件中 size 长度的字符串。

f.readline([size])：读取当前行的数据，也可以指定读取当前行 size 长度的字符串。

f.readlines()：读取所有行，返回字符串的列表。

f.write()：将指定的字符串写入文件。

f.close()：关闭文件。读写操作完成后，必须关闭文件 IO 资源，否则会占用系统内存。

示例：sample1.txt 文件的内容如下。

```
hello,my friends!
This is python big data analysis,
let's study.
```

从 sample1.txt 文件中读取全部内容。

```
f = open('sample1.txt','r',encoding = 'utf - 8')
content = f.read()
print(content)
f.close()
```

运行结果：

```
hello,my friends!
This is python big data analysis,
let's study.
```

提示：content 值为 " hello, my friends!\nThis is python big data analysis,\nlet's study. "，但运行 print(content)语句后，就会把文本中的'\n'转换为换行符输出。

从 sample1.txt 文件中读取整行内容。

```
f = open('sample1.txt','r',encoding = 'utf - 8')
print(f.readline())
print(f.readline())
f.close()
```

运行结果：

```
hello,my friends!

This is python big data analysis,

let's study.
```

提示：readline()方法会记住上一个 readline()读取的位置，接着读取下一行，所以当需要遍历文件每一行时，使用 readline()方法更加方便。由于文本中每行包含换行符，如 "hello,my friends!\n"，通过 print()输出时，"hello,my friends!"显示一行，"\n"则为一个空行。

从 sample1.txt 文件中读取所有行。

```
f = open('sample1.txt','r',encoding = 'utf - 8')
print(f.readlines())
f.close()
```

运行结果：

['hello,my friends!\n', 'This is python big data analysis,\n', "let's study."]

提示：第三个元素为了区别内容中的单引号（'），前后特用双引号（"）。

6.1.3　文件写入

write()方法用于将指定的字符串写入文本文件中。写入时，文本中的'\n'会转换为换行符。

语法：

f.write([str])

参数：

（1）f-open()函数返回的文件对象。

（2）str-代表要写入的字符串。

示例：将字符串'Life is short，\nyou need python.'，写入文件 sample2.txt。

```
f = open('sample2.txt','w',encoding = 'utf - 8')
str = 'Life is short, \nyou need python.'
f.write(str)
f.close()
```

运行结果（sample2.txt）：

```
Life is short,
you need python.
```

6.1.4　异常处理

异常是指一个事件，该事件会在程序执行过程中发生，影响了程序的正常执行。一般情况下，在 Python 无法正常处理程序时就会抛出一个异常。异常是 Python 对象，表示一个错误。当 Python 脚本发生异常时，需要捕获处理它，否则程序会终止执行。

1. try-finally 语句

try-finally 语句表示无论是否发生异常，都将执行最后 finally 的代码。

语法：

```
try:
    语句
finally:
    语句
```

示例：

```
try:
    f = open('myFile.txt', 'r',encoding = 'utf - 8')
    print(f.read())
finally:
    print('Error:没有找到文件或读取文件失败.')
    f.close()
```

说明：若没有 finally,try 中的代码出现异常时,程序就会报错停止,f. close()就不会被执行,文件对象(f)会持续打开状态,白白占用系统资源,而 finally 保证了文件的关闭。

2. with 语句

打开文件时,最好使用 with 关键字的语句。即使在某个时刻引发了异常,with 语句也能正确关闭文件。相对 try-finally 而言,with 代码更加简洁,且不必调用 f. close()。

语法：

```
with open(file) as f:
    读写操作
```

示例：

```
with open('sample2.txt','w',encoding = 'utf - 8') as f:
    str = 'Life is short, \nyou need python.'
    f.write(str)
```

若 open()函数得到的文件对象是一个可迭代对象,可以用 for 循环进行遍历。

```
with open('sample2.txt','r',encoding = 'utf - 8') as f:
    for line in f:
        print(line)
```

6.1.5　拓展练习

熟练掌握文本文件的操作,这对处理文本文件非常有帮助。在条件筛选方面,文本文件不如数据库操作方便。如果能将文本以列表或者字典的格式进行存储,再结合列表或字典的方法(如查询、排序等),就可以让文本操作更加灵活。

【任务描述】

创建文本文件 password. txt,在文本文件中输入字典格式的用户名和密码,然后读取 password. txt 文件中的数据,并保存到字典变量 data 中。

【任务分析】

由于数据是以字典格式保存的文本(含中英文),因此从文件读取信息后,必须先将其转换为字典类型的数据,才能在程序中执行字典的相关操作。

对读取的数据,可使用 Python 内置库 ast 中的 literal_eval()方法进行格式转换。

password. txt 文件的内容如下。

```
{'name':'迈克', 'sex':'男'}
```

【任务实现】

```
#导入 ast 库
import ast
data = dict()
with open('password.txt','r',encoding = 'utf - 8') as f:
    filedata = f. read()
    data = ast. literal_eval(filedata)
    print(data.keys())
    print(data.values())
```

运行结果：

```
dict_keys(['name', 'sex'])
dict_values(['迈克', '男'])
```

注意：读取 TXT 文件时，Windows 会将文件默认转码为 GBK，遇到某些 GBK 不支持的字符就会报错。在打开文件时，声明编码方式为 utf-8 或 utf-8-sig，就能避免这个错误。

6.2　JSON 文件的存取

6.2.1　JSON 定义

JSON 是存储和交换文本信息的语法。作为一种开放标准的数据格式，JSON 常用于不同编程语言之间的数据交换。常见的 JSON 结构，在书写格式上与 Python 字典、列表非常相似，很容易混淆，但 JSON 本质是一个字符串。例如：

Python 字典的形式如下。

```
{'name':'Mike','age':23,'status':True,'birth':None}
{"name":"Mike","age":23,"status":True,"birth":None}
```

Python 列表的形式如下。

```
['Mike',23,True,None]
["Mike",23,True,None]
```

JSON 字符串的形式如下。

```
'{"name": "Mike", "age": 23, "status": true, "birth": null}'
'["Mike",23,true,null]'
```

在 Python 中，使用单引号和双引号是没有区别的，但 JSON 字符串中，内容须用双引号("")，而非单引号('')。若存在嵌套，最外层用("""")，中间的内容用('')或("")表示。

两者的值也存在差异：Python 中 True 和 False 都是首字母大写，但在 JSON 中都是小写（true、false）；Python 中空值（None）对应 JSON 中的 null。由于这些差异的存在，如果不转换，直接把 Python 中的字典当成 JSON 使用，或者直接将获取到的 JSON 数据当成字典使用，都会出错。

6.2.2　JSON 文件处理

Python 3.x 中自带 JSON 库，直接导入（import json）即可使用。它提供了 dumps()、dump()、loads()、load()4 个方法，用于 JSON 和 Python 之间进行数据转换。

1. JSON 字符串与 Python 数据之间的转换

（1）json. loads()：把 JSON 字符串解码转换成 Python 数据。

（2）json. dumps()：把 Python 数据编码转换成 JSON 字符串。

示例：

```
# 导入 JSON 库
import json
# JSON 字符串
```

```
json_str = '{"name":"Mike", "age":23, "sex":"M"}'
# 把 JSON 字符串转换成 Python 数据
data = json.loads(json_str)
# 打印 Python 数据及数据类型
print(data)
print(type(data))
```

运行结果：

```
{'name': 'Mike', 'age': 23, 'sex': 'M'}
<class 'dict'>
```

在 dumps()方法中，参数 ensure_ascii 设置为 True，表示将转义所有传入的非 ASCII 字符；如果 ensure_ascii 设置为 False，则将字符按原样输出。

示例：

```
import json
data = {"name":"王花花", "age":16, "sex":"F"}
json_str = json.dumps(data,ensure_ascii = True)
print(json_str)
```

运行结果：

```
{"name": "\u738b\u82b1\u82b1", "age": 16, "sex": "F"}
```

json_str 值是一个 JSON 字符串，即'{"name": "\u738b\u82b1\u82b1", "age": 16，"sex": "F"}'，而 print(json_str)的作用是把 JSON 字符串中的内容打印输出，所以运行结果为{"name": "\u738b\u82b1\u82b1", "age": 16，"sex": "F"}，没有单引号。

将参数作如下修改：

```
json_str = json.dumps(data,ensure_ascii = False)
print(json_str)
```

运行结果：

```
{"name": "王花花", "age": 16, "sex": "F"}
```

2. 文本文件与 Python 数据之间的转换

(1) json.load()：从文本文件中读取 JSON 数据，并转换成 Python 数据类型。

(2) json.dump()：把 Python 数据以 JSON 格式保存到文本文件中。

示例：

```
import json
# 把 Python 数据以 JSON 格式保存到文件中
data = {"name":"陈文文", "age":16, "sex":"女"}
with open('data.json','w',encoding = 'utf - 8') as f2:
    json.dump(data,f2,ensure_ascii = False)
# 从文件中读取 JSON 数据,并转换成对应的 Python 数据类型
with open('data.json','r',encoding = 'utf - 8') as f1:
    data = json.load(f1)
    print(data)
    print(type(data))
```

运行结果:

```
{'name': '陈文文', 'age': 16, 'sex': '女'}
<class 'dict'>
```

6.2.3　拓展练习

【任务描述】

Python 爬虫之 JSON 操作——获取最新热门的豆瓣电影。JSON 文件可从网上获取,代码如下。

'https://movie.douban.com/j/search_subjects?type=movie&tag=%E7%83%AD%E9%97%A8&page_limit=50&page_start=0'

【任务分析】

(1) 在浏览器中输入网址,分析最新热门豆瓣电影的 JSON 数据。建议在浏览器拓展程序中安装 JSON_View(见图 6-1),这有助于 JSON 数据结构的分析,如图 6-2 所示。

图 6-1　扩展程序加载 JSON_View

(2) 导入库,使用 json.load()方法从文件中读取 JSON 字符串,并转换成 Python 字典。

(3) 通过编码调试,逐步分析数据结构。

(4) 方法 1:直接解析已经下载到本地的 JSON 文件(search_subjects.json)。

(5) 方法 2:直接从网上爬取 JSON 文件,后续章节将会深入学习网络爬虫。

【任务实现】

(1) 导入 json 库。

```
import json
```

(2) 读取 JSON 文件。

```
# 豆瓣最近热门
with open('search_subjects.json','r',encoding='utf-8') as f:
    data = json.load(f)
```

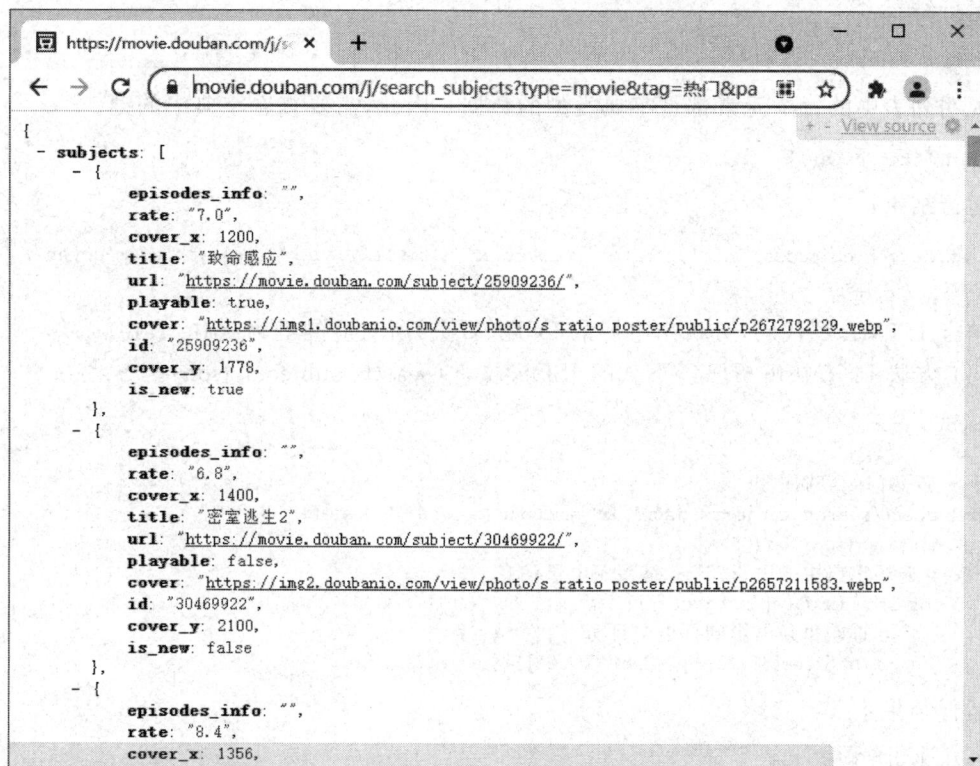

图 6-2 最近热门豆瓣电影 JSON 数据

```
print(type(data))          # 查看数据类型
print(len(data))           # 获取元素个数
```

运行结果：

```
< class 'dict'>
1
```

说明成功从本地的文件中读取到 JSON 数据，且为字典类型的数据，元素只有 1 个，经过分析，得出 key 为"subjects"。

（3）逐步分析数据结构。

首先编写代码，查看字典的 value 类型以及对应的数据。

```
item = data['subjects']
print(type(item))
print(len(item))
```

运行结果：

```
< class 'list'>
50
```

说明 key 为 subjects 的字典值是一个包含 50 个元素的列表。因此，需要遍历访问列表。

```
# 遍历字典中的电影，item 是每条电影信息
for item in data['subjects']:
    print(type(item))
```

85

运行结果：

```
< class 'dict'>
```

说明列表中的每个元素都是字典类型的数据。因此，需要查看字典中的键。

```
print(item.keys())
```

运行结果：

```
dict_keys(['episodes_info', 'rate', 'cover_x', 'title', 'url', 'playable', 'cover', 'id',
'cover_y', 'is_new'])
```

结合 HTML 源代码，分析出电影的(标题、评分)所对应的键为(title、rate)。

（4）方法 1：直接解析已经下载的 JSON 文件（search_subjects.json）。

```
import json

# 最近热门的豆瓣电影
with open('search_subjects.json','r',encoding = 'utf - 8') as f:
    data = json.load(f)
    # 遍历字典中的电影,item 是每条电影信息
    for item in data['subjects']:
        # 打印每条电影的标题与评分
        print(item['title'], item['rate'])
```

运行结果：

```
王国:北方的阿信 7.1
黑寡妇 6.4
巨怪猎人:泰坦的觉醒 6.3
安妮特 7.2
花束般的恋爱 8.5
…
```

（5）方法 2：使用爬虫下载数据。

```
import requests
import json

# 豆瓣最近热门动态数据地址
url = 'https://movie.douban.com/j/search_subjects?type = movie&tag = % E7 % 83 % AD % E9 % 97 %
A8&page_limit = 50&page_start = 0'
# 设置 UA 伪装的参数
herders = {'User - Agent':'Mozilla/5.0 (Windows NT 10.0; Win64; x64) AppleWebKit/537.36 (KHTML,
like Gecko) Chrome/91.0.4472.124 Safari/537.36'}
# 向服务器发起请求,得到 Response 对象
r = requests.get(url, headers = herders)
# 文本保存在 Response 对象 text 属性中,通过 json.loads()把 JSON 数据转换为字典
data = json.loads(r.text)

# 遍历字典中的电影,item 是每条电影信息
for item in data['subjects']:
    # 打印每条电影的评分与标题
    print(item['title'],item['rate'])
```

说明：设置 UA 伪装参数值方法是以 Chrome 为例，任意访问一个网站，通过选择"开发者工具"→Network 命令，选择一个请求的 Headers，即可查看和复制 Request Headers

的 User-Agent。

Python 不包含 requests 库,使用前需先安装,安装命令为 pip install requests。

6.3 NumPy 数组操作

在机器学习和深度学习中,图像、声音、文本等输入数据最终都要转换为数组或矩阵。如何有效地进行数组和矩阵的运算? 这就需要充分利用 NumPy。

NumPy 是一个开源的 Python 数据分析和科学计算库。NumPy 的许多底层函数都用 C 语言编写,运行效率远高于纯 Python 代码。它重新定义了数据结构(ndarray),解决了 Python 在数值计算过程中访问速度比较慢的问题。NumPy 能操作多维数组,允许在 Python 中进行向量和矩阵等方面的运算,并且提供数学函数库,因此在数据分析和科学计算领域,NumPy 占据非常重要的地位。

NumPy 通常与开源的 SciPy(算法库和数学工具包)和 Matplotlib(绘图库)一起使用,这种组合广泛用于代替 MATLAB,是一个强大的科学计算组合,有助于通过 Python 学习数据科学或者机器学习。

Python 不包含 NumPy 库,使用前需先安装。安装命令为 pip install numpy,也可用 PyCharm 可视化方式进行安装。选择 PyCharm 窗口的 File→Settings 命令,弹出如图 6-3 所示的对话框。

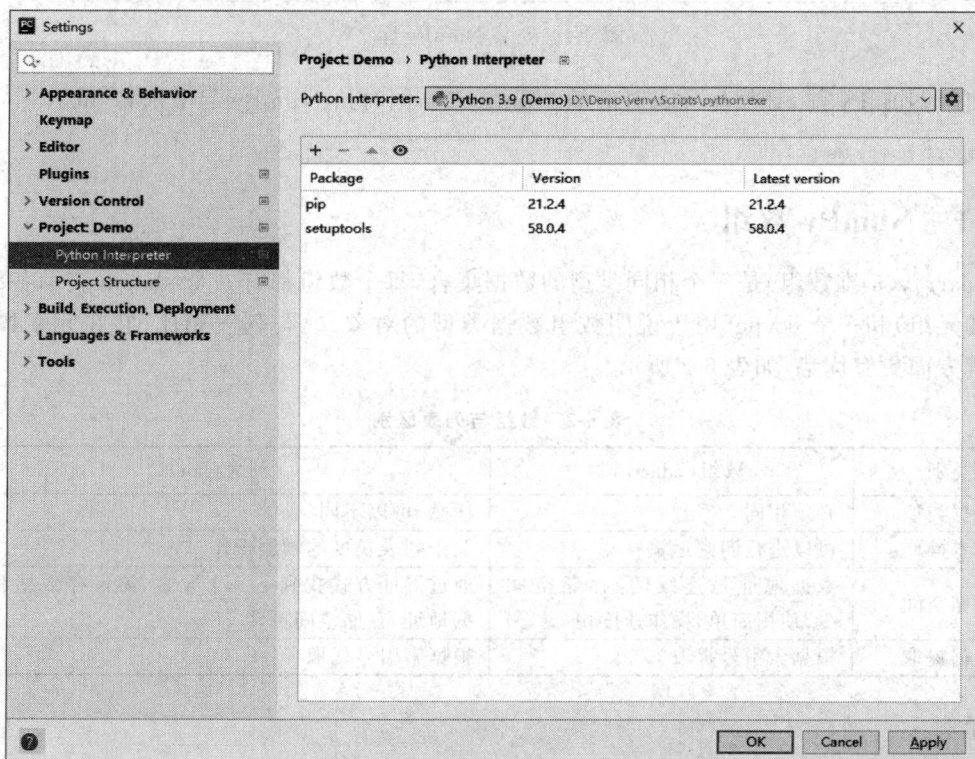

图 6-3 Settings 对话框

选择 Project Demo(注意,Demo 是用户创建的项目名,不是固定的)项目中的 Python Interpreter 选项,单击图 6-3 右侧的"＋"按钮,弹出如图 6-4 所示的对话框。在文本框中输入要安装的库名(numpy),然后单击左侧下方的 Install Package 按钮进行安装。

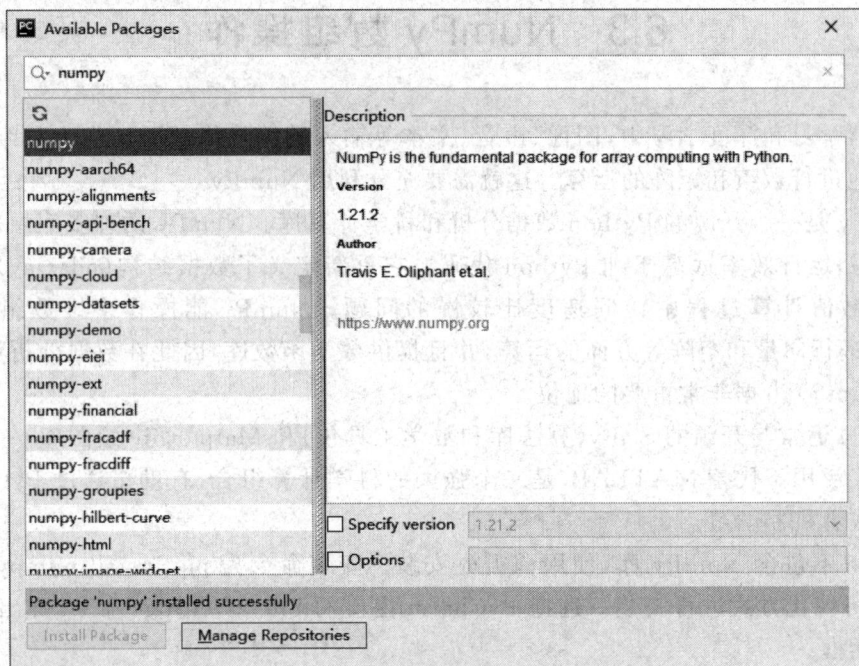

图 6-4　安装 NumPy 库

使用 NumPy 前,必须先导入对应的 NumPy 库,同时给 NumPy 起个别名(np)。

```
import numpy as np
```

6.3.1　NumPy 数组

ndarray(n 维数组)是一个相同类型的数据集合,每个数组都有一个 shape(表示各维度大小的元组)和一个 dtype(用于说明数组数据类型的对象)。与列表相比,它在元素操作、存储等方面更有优势,如表 6-2 所示。

表 6-2　数组与列表区别

类别	数组(ndarray)	列表(list)
数据类型	必须相同	任意,可以不同
基本操作	可以进行四则运算	关于列表长度的增删操作
存储空间	数据地址是连续的,存储空间少,使用简单,操作速度快	通过寻址方式找到下一个元素,需保存数据和数据地址,存储空间更多
数据提取	根据索引号提取	根据索引号提取

示例:

```
# 导入库
import numpy as np
```

```
# 创建列表/数组
list1 = [1, 2, 3, 'c']                    # list1 是列表类型
a1 = np.array([1, 2, 3, 4])               # a1 是数组类型,数据类型相同
# 数组维度与类型
print(a1.shape)                           # (4, )
print(a1.dtype)                           # int32
# 根据索引提取数据
print('list', list1, list1[0])            # list [1, 2, 3, 'c'] 1
print('array', a1, a1[0])                 # array [1 2 3 4] 1
# 加法运算
print('list', list1 + list1)              # list [1, 2, 3, 'c', 1, 2, 3, 'c']
print('array', a1 + a1)                   # array [2 4 6 8]
```

进行加法运算时,列表只是元素长度的增加,与数学计算无关,而数组则是真正数学四则运算。为了说明数组和列表具体的性能差距,下面以一个包含 1 000 000 个整数的数组和一个等价的 Python 列表为例,每个元素都自乘以 2,测试验证一下两者的消耗时间差。

示例:

```
import numpy as np
import datetime

# 生成包含 1 000 000 个数据的数组和列表
my_arr = np.arange(1000000)
my_list = list(range(1000000))
# 数组运算
start = datetime.datetime.now()
# _ 与一般变量 i 相似,一个遍历的符号
for _ in range(10):
    my_arr2 = my_arr * 2
end = datetime.datetime.now()
print('数组执行时间:{}'.format(end - start))
# 列表运算
start = datetime.datetime.now()
for _ in range(10):
    my_list2 = [x * 2 for x in my_list]
end = datetime.datetime.now()
print('列表执行时间:{}'.format(end - start))
```

运行结果:

```
数组执行时间:0:00:00.015621
列表执行时间:0:00:00.941110
```

在这个例子中,基于 NumPy 的算法要比纯 Python 快将近 100 倍,并且使用的内存更少。由此可见,要进行科学计算,使用数组这种数据结构更有优势。

6.3.2　数组操作

1. 创建数组

可以使用多种方法获取一个数组,这些方法可分为直接创建或间接获取。

1) 把其他类型转换成数组

利用 NumPy 提供的 np.array() 方法,可把列表、元组等数据转换成数组。

语法：

```
np.array(object)
```

例如：

```
np.array([1,2,3])                    # 一维 array([1, 2, 3])
np.array([[1,2],[3,4]])              # 二维 array([[1,2],[3,4]])
```

这是最基本的数组构建方法。

2）利用 NumPy 提供的 np.arange()方法直接生成均匀分布的数组

语法：

```
np.arange(start,stop,step,dtype = None)
```

例如：

```
np.arange(1,5,1)                     # array( 1,2,3,4)
np.arange(5).reshape(2,2)            # array([[1,2],[3,4]])
```

这个创建数组的方式和 Python 的内置函数 range()类似，但这里步长允许小数。

3）利用 NumPy 提供的 np.linspace()方法创建均匀分布的数组

语法：

```
np.linspace(start, stop, num = 50, endpoint = True, retstep = False, dtype = None)
```

该方法生成指定范围内指定个数的一维数组，值为等差数列。

例如：

```
np.linspace(2,11,num = 10)           # array( 2,3,4,5,6,7,8,9,10,11)
```

4）利用 NumPy 提供的特殊方法生成数组并赋为特殊值

np.zeros()方法创建全 0 数组，np.ones()方法创建全 1 数组，np.empty()方法生成随机数数组，data.fill()方法实现数据填充。

语法：

```
numpy.zeros(shape, dtype = float, order = 'C')
numpy.ones(shape, dtype = None, order = 'C')
numpy.empty(shape, dtype = float, order = 'C')
```

其中，shape 表示数组形状，dtype 表示数据类型，order 有"C"和"F"两个选项，分别代表行数组和列数组。

例如：

```
import numpy as np

x = np.zeros(5)                      # 默认为浮点数,[0. 0. 0. 0. 0.]
y = np.zeros((5),dtype = np.int)     # 设置类型为整数,[0 0 0 0 0]
y.fill(3)                            # 填充数据,[3 3 3 3 3]
y.shape                              # 查找数组形状大小,(5,)
```

2. 索引与遍历

数组（ndarray）与 Python 列表类似，通过索引号进行数据提取，但是它可以是多维度的，因此需要指定每个维度上的操作。索引分整数索引和布尔型（条件）索引，例如：

```
a = np.arange(4)                     # array([0, 1, 2, 3])
```

```
a[2]                                    ＃整数索引,返回第 3 个值 2
a[a > 1]                                ＃布尔型索引,array([2, 3])
b = np. array([[1,2,3,4],[5,6,7,8]])    ＃2 行 4 列数组,shape = 2 * 4
b[0:1,0:2]                              ＃整数索引,半封闭区间,array([[1, 2]])
b[ : , :1]                             ＃整数索引,半封闭区间,array([[1], [5]])
```

需要注意的是,列表切片得到的是源列表的副本,而数组切片得到的是源数组的视图。这意味着在数组操作过程中,视图上的任何修改都会直接反映到源数组上。其实也容易理解,NumPy 的设计目的是在处理大数据时,避免将数据来回复制,从而影响性能和内存。

示例:

```
＃导入库
import numpy as np

a = np.arange(4)                        ＃ array([0, 1, 2, 3])
print('操作前的数组值:{}'.format(a))
a_slice = a[:2]                         ＃ 数组切片
a_slice[0] = 9                          ＃ 修改切片值
print('数组切片值:{}'.format(a_slice))
print('操作后的数组值:{}'.format(a))
```

运行结果:

```
操作前的数组值:[0 1 2 3]
数组切片值:[9 1]
操作后的数组值:[9 1 2 3]
```

数组遍历可通过 for 语句。

```
for row in a:
    print(row)
```

运行结果:

```
9
1
2
3
```

遍历多维数组时,也可以直接使用 for 循环。

```
d = np.arange(12).reshape(3,4)          ＃3×4 数组
for row in d:
    print(row)
```

运行结果:

```
[0 1 2 3]
[4 5 6 7]
[ 8 9 10 11]
```

3．NumPy 数学计算

整个数组是按顺序参与运算的,例如:

```
a = np.array([20,30,40,50])             ＃ array([20,30,40,50])
b = np.arange( 4 )                      ＃ array([0, 1, 2, 3])
c = a - b                               ＃ array([20, 29, 38, 47])
b ** 2                                  ＃array([0, 1, 4, 9])
```

如果两个二维数组使用 * 运算符进行运算,结果仍然是按位置一对一相乘,并不是矩阵运算。如果想表示矩阵乘法,可使用 dot 进行内积运算。

```
A = np.array( [[1,1],[0,1]] )
B = np.array( [[2,0],[3,4]] )
A * B                            # array([[2, 0],[0, 4]])
A.dot(B)                         # array([[5, 4],[3, 4]])
np.dot(A, B)                     # array([[5, 4],[3, 4]])
```

6.3.3 拓展练习

【任务描述】

创建两个多维数组,其中数组 A 是随机生成的值为 $1\sim100$ 的 2×2 整数数组,数组 B 是值为 $1\sim4$ 的 2×2 数组,将数组 A、数组 B 进行相加、相乘的运算。

【任务分析】

首先导入 NumPy 库,然后通过 np.random.randint()语句随机生成数组 A,而数组 B 则通过 np.arange().reshape()语句实现,最后进行数组相加运算(A+B)、相乘运算(A.dot(B))。

【任务实现】

```
# 导入库
import numpy as np
# 生成数组 A、数组 B
A = np.random.randint(1,100,size = (2,2))
print('数组 A:\n',A)
B = np.arange(1,5).reshape(2,2)
print('数组 B:\n',B)
C = A + B
print('数组 A、B 相加结果:\n', C)
D = A.dot(B)
print('数组 A、B 相乘结果:\n',D)
```

运行结果:

```
数组 A:
[[82 75]
[40 86]]
数组 B:
[[1 2]
[3 4]]
数组 A、B 相加结果:
[[83 77]
[43 90]]
数组 A、B 相乘结果:
[[307 464]
[298 424]]
```

6.4 Pandas 数据结构

Pandas 基于 NumPy 开发,为了灵活地操作数据而提供了很多专门的操作方法,是数据分析必不可少的一个第三方库。一般来说,Pandas 的使用贯穿整个数据分析过程的始终。

92

　　Pandas 的主要数据结构有 Series(一维数据)、DataFrame(二维数据)以及 Panel(三维数据),这些数据结构足以处理大多数金融、统计、社会科学、工程等领域的典型案例。Pandas 所有数据结构的值都是可变的,但数据结构的大小并非都是可变的,比如,Series 的长度不可改变,但 DataFrame 允许插入列。

　　在 Pandas 中,绝大多数方法都不能改变原始的输入数据,只能针对副本进行运算并生成新的对象。一般来说,保持原始输入数据不变,相对会更稳妥些。

　　Python 不包含 Pandas 库,可使用安装命令 pip install pandas,或者在 PyCharm 中进行可视化安装,操作过程与 NumPy 类似。使用前,需先导入库:import pandas as pd。

6.4.1　Series

　　Series 是一种类似于一维数组的对象,它由一组数据以及一组与之相关的数据标签(即索引)组成,仅由一组数据也可产生简单的 Series 对象。注意,Series 允许有相同的索引。

1. Series 创建

语法:

```
pd.Series(data,index = index)
```

　　其中,data 可以是列表、字典、NumPy 数组等数据,index 为标签列表。通过 pd.Series()创建一个 Series 对象,得到结果是一个纵向且拥有 index(索引)的数组。

示例:

```
import numpy as np
import pandas as pd

data = [4,7,3, np.nan,30]
index = ['a', 'b', 'c', 'd', 'e']
s = pd.Series(data, index = index)
```

　　如果没有指定 index 参数,会自动创建递增的数值索引。

```
s = pd.Series(data)
```

结果如图 6-5 所示。

```
a    4.0        0    4.0
b    7.0        1    7.0
c    3.0        2    3.0
d    NaN        3    NaN
e   30.0        4   30.0
```

图 6-5　Series 对象(标题索引/数值索引)

2. Series 的查询

通过 Series 对象的 values、index、dtype 属性,可以查询值、索引和数据类型。例如:

```
s.values              # array([ 4., 7., 3., nan, 30.])
s.index               # Index(['a', 'b', 'c', 'd', 'e'], dtype = 'object')
s.dtype               # dtype('float64')
```

Series 对象类似列表与字典的结合体,可通过标题/数值索引的方式读取对应的数据,或通过切片的方式获取一组数据(半封闭)。

```
s['a']                    #4.0
s[1]                      #7.0
s[1:3]                    #b 7.0 c 3.0
```

也可以通过基于布尔值的条件查询,例如:

```
s[s>4]
```

结果如图 6-6 所示。

事实上,在 Series 内部,数据就是以 NumPy 数组的形式进行存储的。

```
type(s.values)            # <class 'numpy.ndarray'>
```

3. Series 缺失值检测

Pandas 的 isnull()和 notnull()函数可用于检测 Series 中的缺失值,返回布尔类型的 Series。

示例:

```
import numpy as np
import pandas as pd

data = [90,70,88,np.nan]
index = ['语文','数学','英语','体育']
s = pd.Series(data,index = index)
print(s)
print(pd.isnull(s))
```

运行结果如图 6-7 所示。

```
b      7.0
e     30.0
dtype: float64
```

图 6-6   s[s>4]的结果

```
语文     90.0      语文    False
数学     70.0      数学    False
英语     88.0      英语    False
体育      NaN      体育    True
dtype: float64     dtype: bool
```

图 6-7   Series 与 Series 缺失值检测

6.4.2   DataFrame

DataFrame 是一个表格型的数据结构,包含一组有序的数据列,每列可以是不同的值类型(数字、字符串、布尔型等)。DataFrame 既有行索引,也有列索引,可以被看作由 Series 组成的字典。

1. 创建 DataFrame

语法:

```
pd.DataFrame(data,columns = columns,index = index)
```

其中,data 可以是列表、字典、NumPy 数组、DataFrame 等;columns 设置列索引;index 设置行索引。

示例:

```
import pandas as pd
data = [[98,89,78],[68,94,72],[66,76,60]]
```

```
columns = ['数学','英语','语文']
df = pd.DataFrame(data, columns = columns)
print(df)
```

运行结果是一个表格,既有行索引,又有列索引,如图 6-8 所示。因为代码中没有设置 index 参数,所以行索引是从 0 开始的数值。

创建 DataFrame,也可以通过字典的方式创建,系统自动把字典的键生成列索引。

```
data = {
    '数学':[98,89,78],
    '英语':[68,94,72],
    '语文':[66,76,60]
    }
df = pd.DataFrame(data)
```

2. 修改/获取索引

要修改列索引,只须修改 columns 属性即可。例如:

```
df.columns = ['math','english','chinese']
```

运行结果如图 6-9 所示。

	数学	英语	语文
0	98	68	66
1	89	94	76
2	78	72	60

图 6-8　新建的 DataFrame

	math	english	chinese
0	98	68	66
1	89	94	76
2	78	72	60

图 6-9　修改列索引后的 DataFrame

如果要修改行索引,只须修改 index 属性值即可。例如:

```
df.index = ['a', 'b', 'c']
```

运行结果如图 6-10 所示。

	math	english	chinese
a	98	89	78
b	68	94	72
c	66	76	60

图 6-10　添加行索引的 DataFrame

若要获取索引的信息,只须访问 index(行)、columns(列)属性即可。DataFrame 还可以通过 shape 属性获取 DataFrame 的形状,通过 size 属性获取 DataFrame 的大小。

例如:

```
df.columns        # Index(['math', 'english', 'chinese'], dtype = 'object')
df.index          # Index(['a', 'b', 'c'], dtype = 'object')
df.shape          # (3, 3),3 行 3 列
df.size           # 9
```

3. 获取 DataFrame 数据

1) 按列获取

```
df['math']              # 获取 math 列数据
df[['math', 'english']] # 获取 math、english 列数据
```

95

```
df.english                          #获取 english 列数据
```

2）df.iloc()方法

df.iloc()方法只能用数值索引查找,不能使用标题索引。

```
df.iloc[2]                          #获取第 3 行的数据
df.iloc[range(1,2)]                 #获取第 2 行数据,半封闭
df.iloc[:,:1]                       #获取第 1 列的数据,半封闭
df.iloc[2,2]                        #获取第 3 行第 3 列的数据
```

3）df.loc()方法

df.loc()方法只能通过 index 和 columns 的标题索引来获取数据,不能使用数值索引。

```
df.loc['c']                         #获取索引标题为 c 的行数据
df.loc[:,'math']                    #获取索引标题为 math 的列数据
```

需要注意的是,如果把代码 df.loc['c']改成 df.loc[2],运行时系统会出错。因为 DataFrame 中行索引名称只有 a、b、c,没有数字 2。

4）根据条件筛选

也可根据布尔值进行条件选取,例如:

```
df.loc[df['math']>80]              #查找符合 math>80 的行记录
```

5）获取特殊项

示例:

```
df.head(3)                          #显示前 3 行的数据
df.tail(3)                          #显示最后 3 行的数据
```

4. 修改 DataFrame 数据

修改 DataFrame 数据的操作非常简单,只须把数据项设置为指定项即可。例如:

```
df.loc['c','math'] = 98             #把索引名称为'c'所在行的 math 成绩设置为 98
```

运行结果如图 6-11 所示。

也可以使用 df.replace()方法替换,语法是字典套字典的形式。例如,把 math 列中 68 替换为 60,chinese 列中 78 替换为 90,代码如下,结果如图 6-12 所示。

```
df.replace({'math':{68:60},'chinese':{78:90}},inplace = True)
```

	math	english	chinese
a	98	89	78
b	68	94	72
c	98	76	60

图 6-11　修改 DataFrame

	math	english	chinese
a	98	89	90
b	60	94	72
c	98	76	60

图 6-12　替换后的 DataFrame

需要注意的是,inplace＝True 表示覆盖原 DataFrame,否则返回的是 DataFrame 操作后的副本。

5. 删除 DataFrame 数据

使用 del 命令和 df.drop()方法都可以删除 DataFrame 中的列,但使用 del 命令一次只能删除一列,而 df.drop()方法可以一次删除多行或多列,通过控制参数 axis 实现删除行或列。axis＝1 表示删除列,axis＝0 表示删除行,默认为 0。df.drop()方法是针对副本进行操作。

例如：

```
del df['math']                          # 删除 math 列
df.drop(['chinese', 'english'], axis = 1)   # 返回删除 chinese、english 列的 DataFrame 副本
```

6.4.3　文件读写

1. 数据读取

利用 Pandas 手工生成 DataFrame 数据比较烦琐，所以一般把数据保存在 Excel 表或数据库中，然后把数据导入 Pandas。导入数据的常用方法如表 6-3 所示。

表 6-3　Pandas 导入数据的常用方法

方　法	说　明	方　法	说　明
pd. read_csv()	导入二维数据(*.csv)	pd. read_json()	导入 JSON 数据(*.json)
pd. read_excel()	导入 Excel 数据(*.xlxs)	pd. read_html()	导入网页中的表格数据(*.html)
pd. read_sql()	导入 SQLite 数据库数据(*.sql)		

示例：导入豆瓣电影 JSON 文件(search_subjects.json)中的数据，生成 DataFrame 数据。

```
import pandas as pd

url = 'search_subjects.json'
data = pd.read_json(url)
# 打印页面中第一个表格信息
print(data)
```

运行结果：

```
        subjects
0       {'episodes_info': '', 'rate': '8.2', 'cover_x'...}
1       {'episodes_info': '', 'rate': '5.9', 'cover_x'...}
...
```

2. 数据写入

语法：

```
df.to_csv( new_file.csv , index = None)
```

其中，index＝None 表示不保存行索引。

示例：把 DataFrame 格式的成绩保存到文件(score.csv)中，但不保存行索引。

```
import pandas as pd

data = {
    'Python':[80,90,70],
    'C':[65,95,75],
    'HTML':[90,60,80]
}
df = pd.DataFrame(data)
df.to_csv('score.csv',index = None)
```

6.4.4 文本数据

DataFrame 与 Series 中经常有文本数据，Pandas 提供了一些工具来处理这些文本。例如，利用字符串自带的方法，可以满足大部分简单的处理需求。

常用的方法有以下几个：strip() 方法可以去掉首尾不需要的字符或者换行符等；replace() 方法可以将指定部分替换成需要的部分；split() 方法可以在指定部分分割，然后截取一部分。

如果字符串处理太复杂，常规的字符串处理方法又不好解决，此时可使用正则表达式。

示例：

```python
import pandas as pd

s = pd.Series(['A','B ','C'])
s = s.str.strip()                        ＃删除 Series 值前后的空格
print(s)
data = {'name':['John Wilson','George Smith','Yang Yang'],'age':[21,18,30]}
df = pd.DataFrame(data)
print(df)
＃ 直接运行 df['name']，代码会出错，'name'前有空格，匹配不到
df.columns = df.columns.str.strip()      ＃删除列名前后的空格
print(df['name'])                        ＃正确输出 name 列的数据
print(df['name'].str.split('').str.get(0))   ＃根据空格拆分 name 列，取出姓名中的名
```

运行结果如图 6-13～图 6-16 所示。

```
0    A
1    B
2    C
dtype: object
```

图 6-13　去掉前后空格的 Series

```
     name      age
0    John Wilson   21
1    George Smith  18
2    Yang Yang     30
```

图 6-14　原始的 DataFrame

```
0       John Wilson
1      George Smith
2         Yang Yang
Name: name, dtype: object
```

图 6-15　DataFrame 的 name 列数据

```
0       John
1     George
2       Yang
Name: name, dtype: object
```

图 6-16　DataFrame 中的名

6.4.5 拓展练习

【任务描述】

某超市部分蔬菜库存数据如表 6-4 所示，练习使用 DataFrame 数据处理。

表 6-4　某超市部分蔬菜库存

goods	quantity	price	goods	quantity	price
tomato	50	6	cabbage	100	3
cabbage	1	1	mushroom	30	30

　　把表格中的数据以 DataFrame 格式输出；输出所有 cabbage 的信息（使用 loc 进行筛选）；输出所有 cabbage 且价格为 3 的信息（使用 loc 进行筛选）；查找所有 cabbage 且价格为 3 的行，并输出其中 goods 和 price 列的值；添加商品（'eggplant',100,7.5）；增加列 remark，并将值设置为 NaN；将价格大于 10 的商品 remark 列标注为"expensive"；删除 remark 列；删除列表中的第 1 行、第 3 行商品；将所有商品按 price 升序排列。

【任务分析】

本任务涉及 DataFrame 的创建、保存以及 DataFrame 数据增、删、改、查等操作。

【任务实现】

```python
import pandas as pd

＃表格数据以 DataFrame 格式输出
data = {
    'goods':['tomato','cabbage','cabbage','mushroom'],
    'quantity':[50,1,100,30],
    'price':[6,1,3,30]
}
df = pd.DataFrame(data)
print(df)
```

运行结果：

```
     goods   quantity   price
0   tomato       50       6
1   cabbage       1       1
2   cabbage     100       3
3   mushroom     30      30
```

```python
＃输出所有 cabbage 的信息（使用 loc 条件筛选）
d1 = df.loc[df['goods'] == 'cabbage']
print(d1)
```

运行结果：

```
     goods   quantity   price
1   cabbage       1       1
2   cabbage     100       3
```

```python
＃输出所有 cabbage 且价格为 3 的信息（使用 loc 条件筛选）
d2 = df.loc[(df['price'] == 3) & (df['goods'] == 'cabbage')]
print(d2)
```

运行结果：

```
     goods   quantity   price
2   cabbage     100       3
```

```python
＃查找所有 cabbage 且价格为 3 的行,并输出其中 goods 和 price 列的值
d3 = d2[['goods','price']]
print(d3)
```

运行结果：

```
     goods   price
2   cabbage     3
```

```
#添加商品('eggplant',100,7.5)
new = pd.DataFrame({'goods':['eggplant'],'quantity':[100],'price':[7.5]})
#pd.concat()用于拼接,ignore_index = True 表示连接后索引重新赋值
df = pd.concat([df,new],ignore_index = True)
print(df)
```

运行结果：

```
       goods    quantity    price
0      tomato        50      6.0
1      cabbage        1      1.0
2      cabbage      100      3.0
3      mushroom      30     30.0
4      eggplant     100      7.5
```

```
#增加列 remark,并将值设置为 NaN
#df.insert(3,column = 'remark',value = 'NaN')
df['remark'] = 'NaN'
print(df)
```

运行结果：

```
       goods    quantity    price    remark
0      tomato        50      6.0      NaN
1      cabbage        1      1.0      NaN
2      cabbage      100      3.0      NaN
3      mushroom      30     30.0      NaN
4      eggplant     100      7.5      NaN
```

```
#将价格大于 10 的商品 remark 列标注为 'expensive'
df.loc[df['price']> 10,'remark'] = 'expensive'
print(df)
```

运行结果：

```
       goods    quantity    price    remark
0      tomato        50      6.0      NaN
1      cabbage        1      1.0      NaN
2      cabbage      100      3.0      NaN
3      mushroom      30     30.0      expensive
4      eggplant     100      7.5      NaN
```

```
#删除 remark 列,axis = 1 表示删除列,inplace = True 表示替换原 df
df.drop('remark',axis = 1,inplace = True)
print(df)
```

运行结果：

```
       goods    quantity    price
0      tomato        50      6.0
1      cabbage        1      1.0
2      cabbage      100      3.0
3      mushroom      30     30.0
4      eggplant     100      7.5
```

```
#删除列表中的第 1 行、第 3 行商品
```

```
df.drop([1,3],inplace = True)
print(df)
```

运行结果：

```
     goods    quantity    price
0    tomato        50      6.0
2    cabbage      100      3.0
4    eggplant     100      7.5
```

```
#将所有商品按 price 升序排列,axis = 0 按指定列中数据大小排序
df.sort_values(by = 'price',axis = 0,inplace = True)
print(df)
```

运行结果：

```
     goods    quantity    price
2    cabbage      100      3.0
0    tomato        50      6.0
4    eggplant     100      7.5
```

6.5　XLSX 文件的存取

6.5.1　XLSX 文件

.xlsx 是 Microsoft Office Excel 文档的扩展名。处理数据时,经常用到 Excel 电子表格。Python 中有很多第三方库,可以对 Excel 进行交互。

目前对高版本 Excel 进行读写操作的第三方库主要有 xlsxwriter、openpyxl。其中,openpyxl 相对功能更加强大,同时拥有读/写的功能,而且能充分地利用 Pandas。openpyxl 主要通过 dataframe_to_rows 存储 Pandas 中的 DataFrame 数据,读取是通过 pd.read_excel 实现。

Python 不包含 openpyxl 库,可使用命令 pip install openpyxl 安装,或者在 PyCharm 中进行可视化安装,操作过程与 NumPy 类似。使用前,需先导入库 openpyxl。

6.5.2　拓展练习

【任务描述】

把字典{'姓名':['Mike','Rose','John'],'性别':['M','F','M'],'年龄':[18,21,16]},转换成 DataFrame 格式,并把数据保存到学生信息管理 Excel 文件(data.xlsx)中。最后读取 data.xlsx 文件并输出。

【任务分析】

本任务涉及 DataFrame 的创建、xlsx 文件的写入与读取。

【任务实现】

```
#导入库
import pandas as pd
import openpyxl
from openpyxl import workbook
```

```
from openpyxl.utils.dataframe import dataframe_to_rows

# 创建数据
data = {'姓名':['Mike','Rose','John'],'性别':['M','F','M'],'年龄':[18,21,16]}
df = pd.DataFrame(data)

# 创建工作簿
wb = openpyxl.Workbook()
# 插入工作表
ws = wb.create_sheet('学生信息管理',0)
# 插入数据
for r in dataframe_to_rows(df,index = 0,header = True):
    ws.append(r)
# 保存数据
wb.save('data.xlsx')
# 读取
df = pd.read_excel('data.xlsx')
print(df)
```

6.6 MariaDB 数据库

MariaDB 数据库管理系统是 MySQL 的一个分支，主要由开源社区维护。MariaDB 是由 MySQL 的创始人 Michael Widenius 主导开发的。开发这个分支的原因之一是，甲骨文公司收购了 MySQL 后，存在 MySQL 闭源的潜在风险，因此社区采用分支的方式来避开这个风险。

MariaDB 是目前备受关注的 MySQL 数据库衍生版，也被视为开源数据库 MySQL 的替代品。MariaDB 虽然被视为 MySQL 数据库的替代品，但它在扩展功能、存储引擎以及一些新的功能改进方面都强过 MySQL，而且从 MySQL 迁移到 MariaDB 非常简单。

6.6.1 安装 MariaDB 数据库

从官网 https://downloads.mariadb.org 下载安装文件，如图 6-17 所示。本机操作系统是 Windows 64 位，故选择 mariadb-10.6.4-winx64.msi。

（1）下载完成后，双击 mariadb-10.6.4-winx64.msi 文件即可开始安装。启动安装向导后，单击 Next 按钮进入下一步，如图 6-18 所示。

（2）在用户协议界面勾选 I accept the terms in the license Agreement 复选框，接受许可协议中的条款，然后继续单击 Next 按钮执行下一步操作，如图 6-19 所示。

（3）在 Custom Setup 界面，单击 Browse 按钮，可修改 MariaDB 安装目录。这一步可选择默认设置，如图 6-20 所示。

（4）在 User settings 界面，勾选 Modify password for database user'root'复选框，设置连接 MariaDB 服务器中 root 账号对应的密码。密码一旦设置，必须记住。本例设置的值是123456，如图 6-21 所示。

（5）Database settings 界面中默认服务名称为 MariaDB，TCP 端口为 3306，如图 6-22 所示。

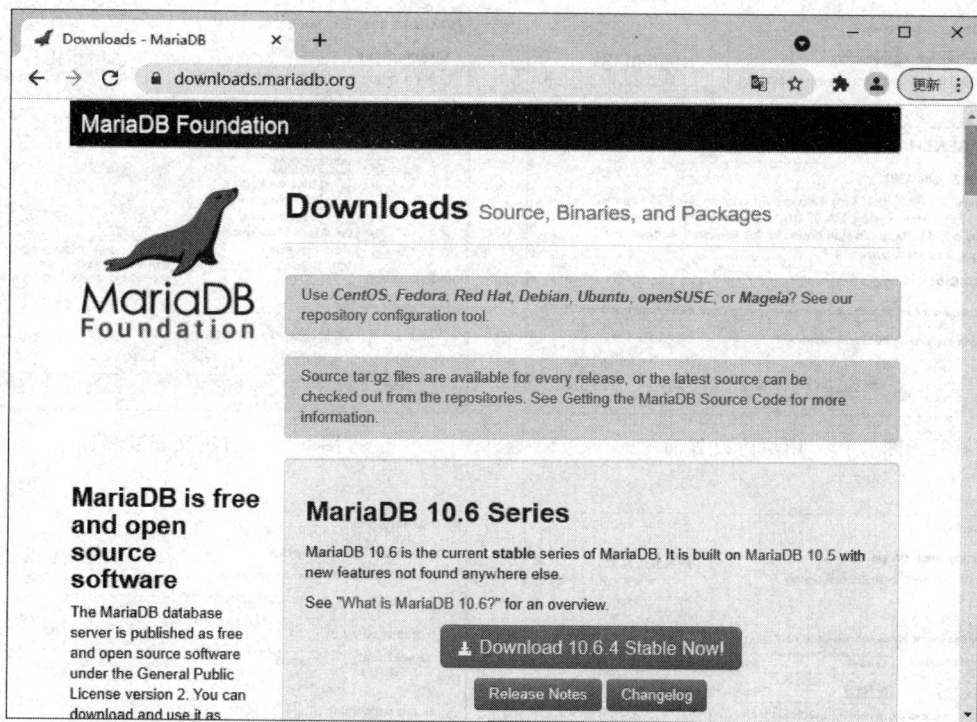

图 6-17　MariaDB 下载页面

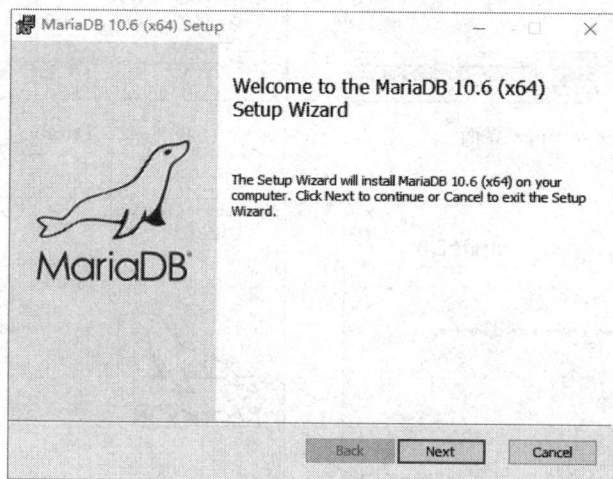

图 6-18　MariaDB 欢迎安装界面

（6）其余按安装向导默认安装即可，单击 Finish 按钮，完成安装，如图 6-23 和图 6-24 所示。

安装完成后，系统会自动生成 MariaDB 10.6（x64）菜单项，如图 6-25 所示。其中，MySQL Client（MariaDB 10.6（x64））的作用是用命令行的方式管理数据库。单击菜单命令 MySQL Client，在窗口中输入安装设置的 root 密码（123456），即可进入命令行操作界面，如图 6-26 所示。

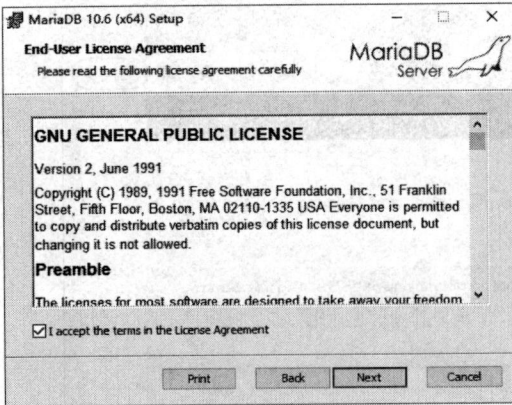

图 6-19　用户协议界面

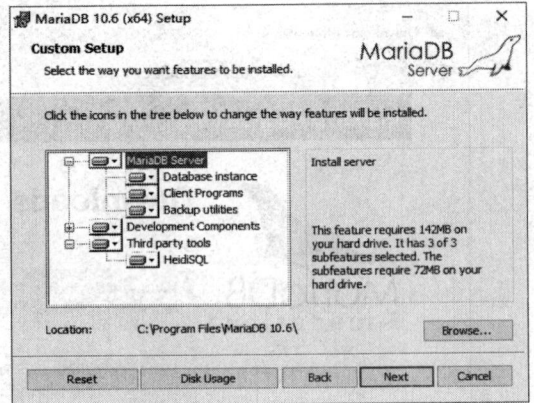

图 6-20　自定义安装界面

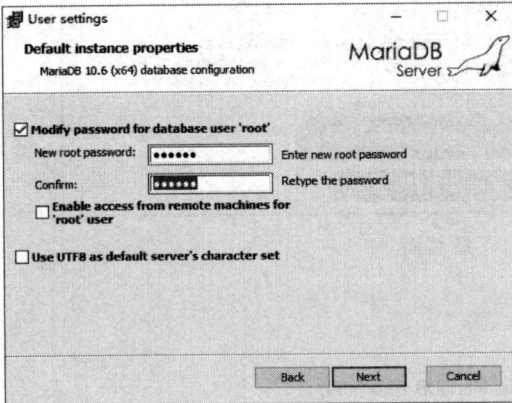

图 6-21　User settings 界面

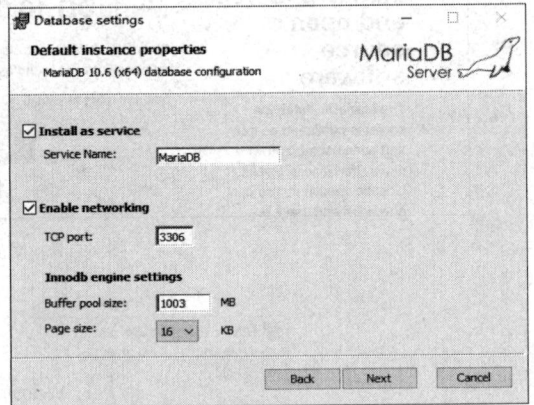

图 6-22　Database settings 界面

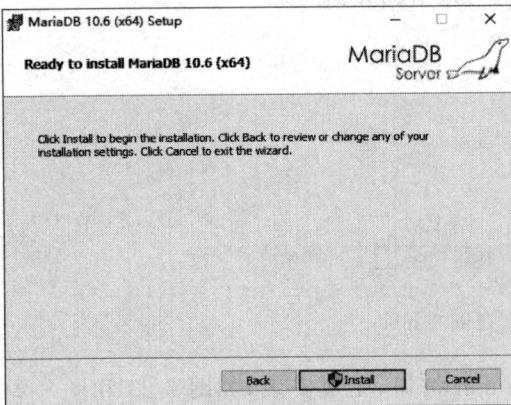

图 6-23　Ready to install MariaDB 界面

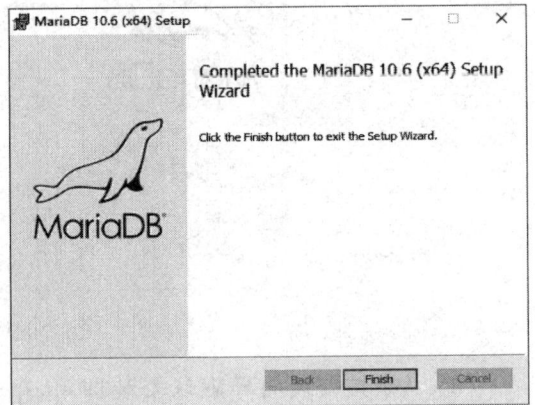

图 6-24　完成 MariaDB 安装界面

　　HeidiSQL 是一款用于简单化的服务器和数据库管理的图形化界面。打开 HeidiSQL，单击"新建"按钮，实现"在根文件夹创建会话"。用户可通过右键修改会话名称（如 MyDatabase），同时按要求输入 root 用户密码（对应安装设置的 123456），如图 6-27 所示。

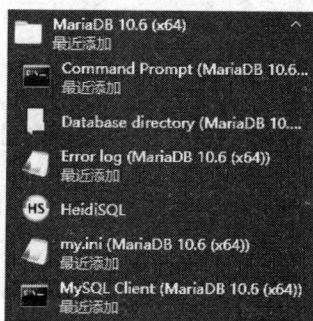

图 6-25 "开始"菜单

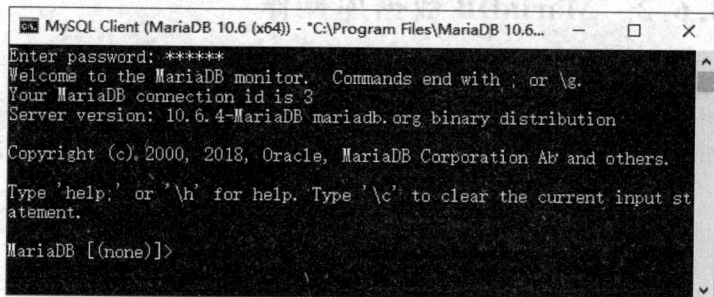

图 6-26 MySQL Client 窗口

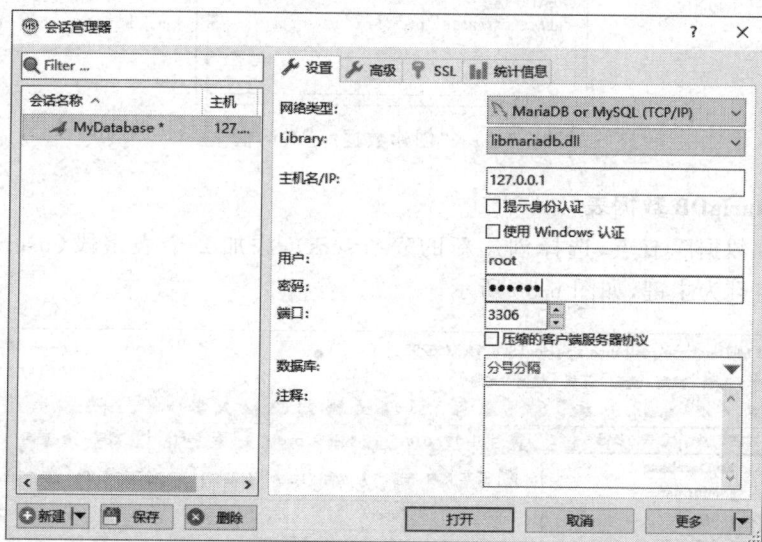

图 6-27 会话管理器

单击"打开"按钮,即可进入 MariaDB 图形化的管理界面,如图 6-28 所示。

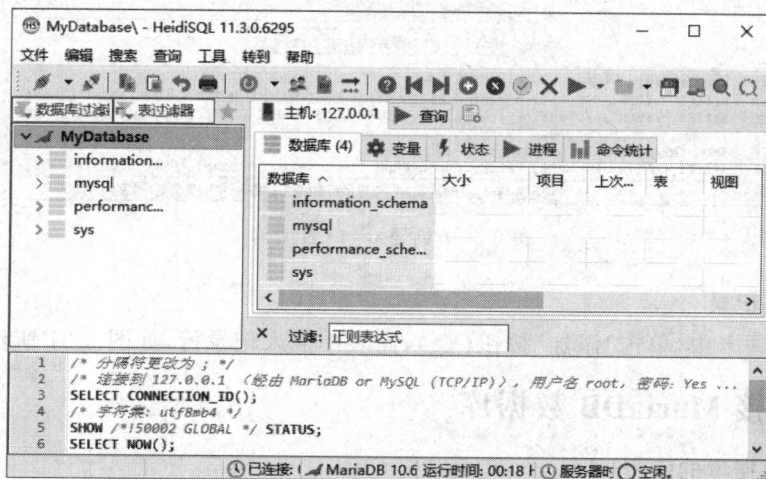

图 6-28 MariaDB 图形化管理界面

6.6.2　MariaDB 数据库操作

1. 新建 MariaDB 数据库

右击 MyDatabase 会话,选择创建新的数据库。在弹出的对话框中,输入自定义的数据库名称(如 pydb),选择合适的编码方式(如 utf8mb4_bin),如图 6-29 所示。

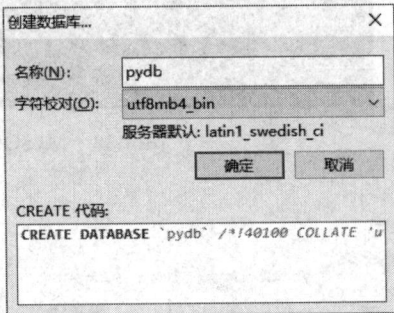

图 6-29　"创建数据库"对话框

2. 新建 MariaDB 数据表

展开 pydb 数据库节点,选择创建新的表(users),添加 2 个表字段(userName、psw),userName 非空且为主键,如图 6-30 所示。

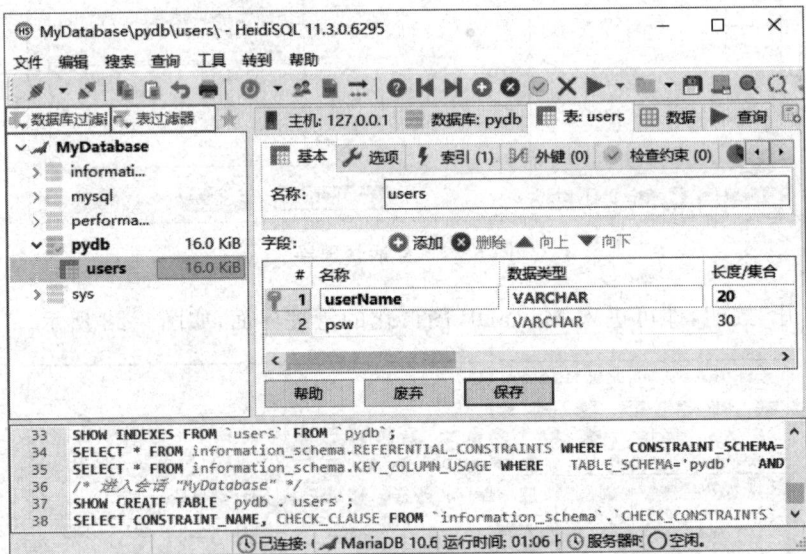

图 6-30　创建 users 表结构

3. 输入表记录

在数据选项卡中,单击"添加"按钮(），向表中插入记录行,如图 6-31 所示。

6.6.3　连接 MariaDB 数据库

1. 访问数据库的流程

Python 提供了统一的 DB-API 接口来实现对数据库的访问。DB-API 是一个规范,它

图 6-31　输入 users 表记录

为不同的底层数据库提供了一致的访问接口，使不同的数据库之间代码移植成为一件轻松的事情。

DB-API 接口包含三个对象：Connection、Cursor 和 Exception，如图 6-32 所示。

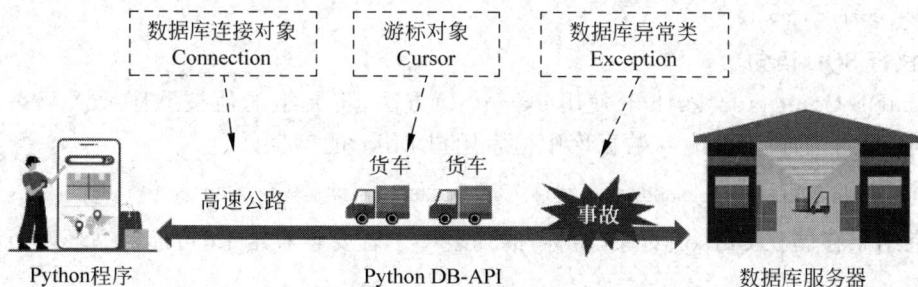

图 6-32　访问数据库统一接口规范（DB-API）

Connection（数据库连接）对象建立 Python 客户端与数据库的网络连接，而 Cursor（游标）对象起到交互作用，可向数据库发送 SQL 命令以及从数据库接收结果。Exception（异常）对象为数据库操作过程中出现的异常和错误提供信息。使用 DB-API 访问数据库流程如图 6-33 所示。

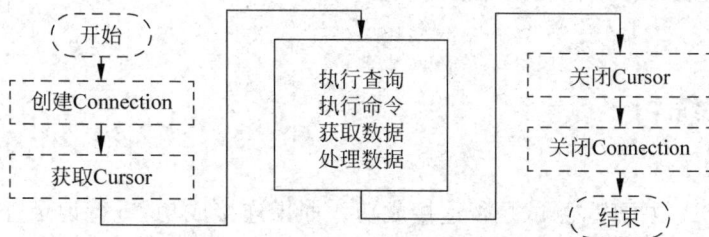

图 6-33　使用 DB-API 访问数据库流程

2. 安装 Python 第三方库

Python 要操作 MariaDB 数据库，需要借助 mariadb 模块去实现 DB-API 接口的功能。由于 Python 不包含 mariadb 库，所以使用前需先安装，安装命令为 pip install mariadb，或者在 PyCharm 中进行可视化安装,操作过程和 NumPy 类似。

3. 导入 mariadb 库

要使 MariaDB Connector/Python 连接到 MariaDB Server,必须先导入 mariadb 库。

```
import mariadb
```

4. 连接 MariaDB 数据库

使用 mariadb. connect()方法建立数据库连接。该连接提供了一个接口,用于配置应用程序与 MariaDB 服务器的连接参数,如用户名、密码、主机、数据库等。例如:

```
conn = mariadb.connect(
        user = 'root',
        password = '123456',          ♯ 对应 MariaDB 数据库安装时设置的密码
        host = 'localhost',
        port = 3306,
        database = 'pydb'
```

5. 创建 Cursor 对象

使用 Cursor()方法创建 Cursor 对象(游标),利用其与服务器交互的接口,执行 SQL 语句和管理事务。

```
cur = conn.cursor()
```

6. 执行 SQL 语句

MariaDB Connector/Python 使用 execute()方法,将元组的值按顺序插入第一个参数中占位符(?)的位置。例如,从数据库中检索用户 Mike 的信息。

```
cur.execute('SELECT userName, psw FROM users WHERE userName = ?', ('Mike',))
```

查询结果存储在 Cursor 对象(游标)的列表中。若要查看结果,可通过循环遍历访问。

```
for userName, password in cur:
    print(f'userName: {userName}, password: {password}')
```

提示:userName、password 为循环变量,得到的值对应 users 表中字段(userName,psw)。

7. 关闭连接

将数据提交到数据表中后,要关闭连接。这是因为数据库系统是一组有限的资源,不关闭会导致资源严重浪费,其他用户无法访问。

```
conn.close()
```

6.6.4　拓展练习

【任务描述】

连接 MariaDB 数据库,测试是否连接成功。如果连接成功,进行记录查询、新增操作。

【任务分析】

(1) 新建数据库(pydb)以及表(users)结构,添加两条记录。

(2) 导入 Python 第三方库 mariadb。

(3) 设置连接 MariaDB 数据库的参数。

(4) 创建 Cursor 对象,对表进行查询、新增,捕捉操作过程中出现的异常和错误信息。

（5）关闭连接。

【任务实现】

```
#!/usr/bin/python              #执行脚本时,调用/usr/bin下的Python解释器
import mariadb                 #导入Python第三方库mariadb

#连接MariaDB服务器中的数据库pydb
conn = mariadb.connect(
    user = 'root',
    password = '123456',        #对应MariaDB数据库安装时设置的密码
    host = 'localhost',
    database = 'pydb')

#创建Cursor对象(游标)
cur = conn.cursor()

#查询信息
some_name = 'Mike'
cur.execute('SELECT userName, psw FROM users WHERE userName = ?', (some_name,))
for userName, password in cur:
    print(f'userName: {userName}, password: {password}')

#新增记录
try:
    cur.execute('INSERT INTO users (userName,psw) VALUES (?, ?)', ('Maria', 'DB'))
except mariadb.Error as e:
    print(f'Error: {e}')

#提交当前事务
conn.commit()
#关闭数据库连接
conn.close()
```

代码运行后,返回查询结果,并在 MariaDB 的 users 表中添加了一条记录(Maria、DB),如图 6-34 所示。

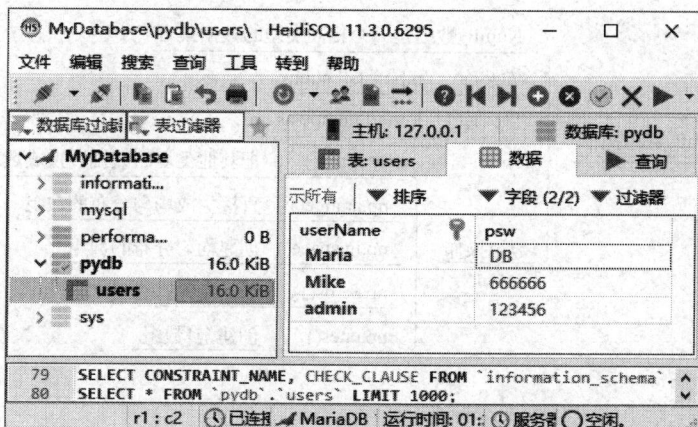

图 6-34　新增的 MariaDB 数据

本 章 小 结

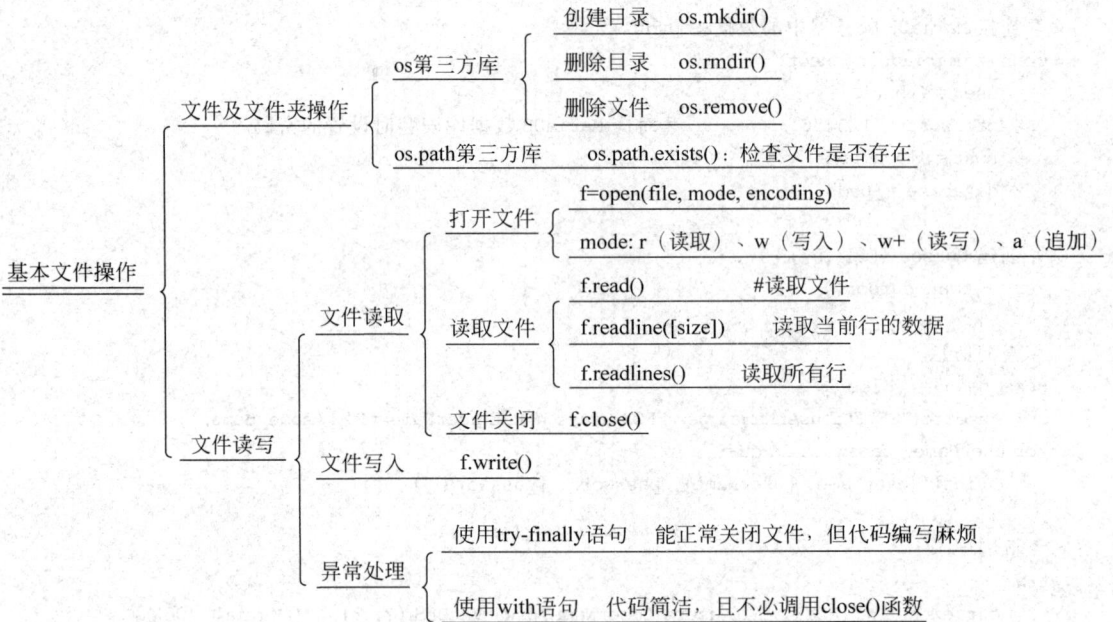

```
                                        创建目录    os.mkdir()
                         os第三方库  ┤  删除目录    os.rmdir()
          文件及文件夹操作 ┤            删除文件    os.remove()
                         └  os.path第三方库    os.path.exists()：检查文件是否存在

基本文件操作 ┤
                                        打开文件 ┤ f=open(file, mode, encoding)
                                                 └ mode：r（读取）、w（写入）、w+（读写）、a（追加）
                              文件读取 ┤           f.read()         #读取文件
                         ┤           读取文件 ┤ f.readline([size])   读取当前行的数据
          文件读写 ┤                           └ f.readlines()     读取所有行
                    ┤         文件关闭    f.close()
                    ┤  文件写入    f.write()
                    └  异常处理 ┤ 使用try-finally语句  能正常关闭文件，但代码编写麻烦
                               └ 使用with语句  代码简洁，且不必调用close()函数
```

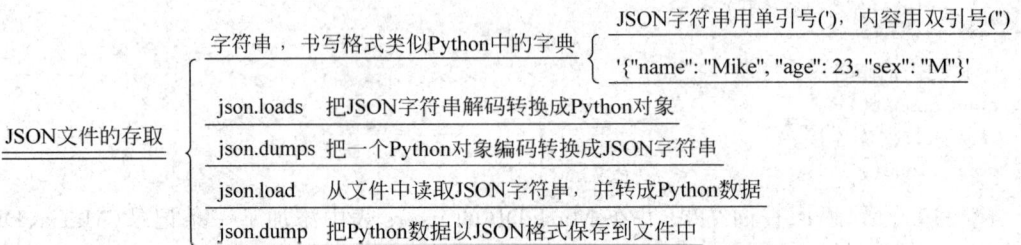

```
                   字符串，书写格式类似Python中的字典 ┤ JSON字符串用单引号(')，内容用双引号(")
                                                     └ '{"name": "Mike", "age": 23, "sex": "M"}'
JSON文件的存取 ┤ json.loads  把JSON字符串解码转换成Python对象
              ┤ json.dumps 把一个Python对象编码转换成JSON字符串
              ┤ json.load  从文件中读取JSON字符串，并转成Python数据
              └ json.dump  把Python数据以JSON格式保存到文件中
```

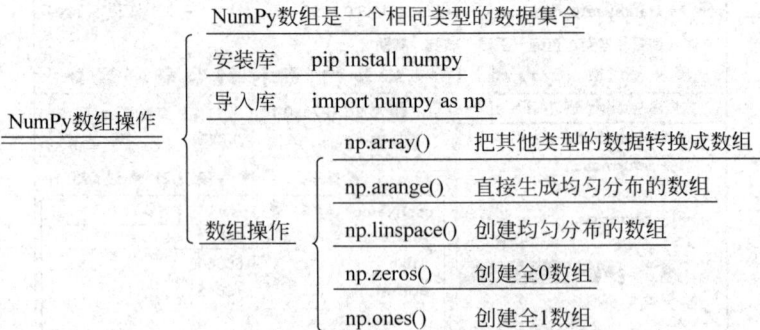

```
                   NumPy数组是一个相同类型的数据集合
                   安装库    pip install numpy
NumPy数组操作 ┤ 导入库    import numpy as np
              ┤           np.array()    把其他类型的数据转换成数组
              └ 数组操作 ┤ np.arange()   直接生成均匀分布的数组
                         ┤ np.linspace() 创建均匀分布的数组
                         ┤ np.zeros()    创建全0数组
                         └ np.ones()     创建全1数组
```

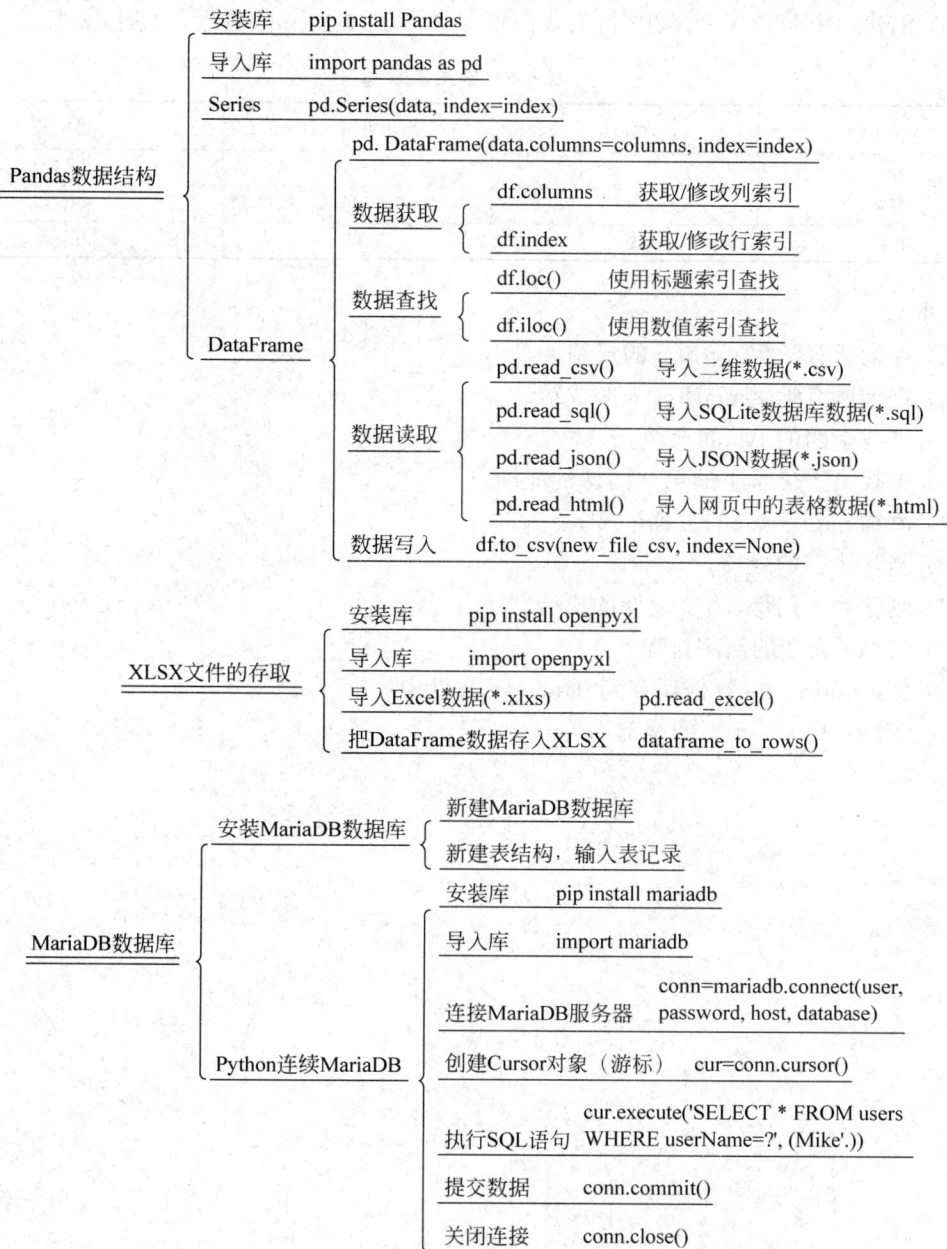

	安装库	pip install Pandas	
	导入库	import pandas as pd	
	Series	pd.Series(data, index=index)	

Pandas数据结构

DataFrame — pd. DataFrame(data.columns=columns, index=index)

数据获取
- df.columns　　　　获取/修改列索引
- df.index　　　　　获取/修改行索引

数据查找
- df.loc()　　　　使用标题索引查找
- df.iloc()　　　　使用数值索引查找

数据读取
- pd.read_csv()　　　导入二维数据(*.csv)
- pd.read_sql()　　　导入SQLite数据库数据(*.sql)
- pd.read_json()　　　导入JSON数据(*.json)
- pd.read_html()　　　导入网页中的表格数据(*.html)

数据写入　df.to_csv(new_file_csv, index=None)

XLSX文件的存取
- 安装库　　　pip install openpyxl
- 导入库　　　import openpyxl
- 导入Excel数据(*.xlxs)　　　pd.read_excel()
- 把DataFrame数据存入XLSX　　　dataframe_to_rows()

MariaDB数据库

安装MariaDB数据库
- 新建MariaDB数据库
- 新建表结构，输入表记录

Python连续MariaDB
- 安装库　　　pip install mariadb
- 导入库　　　import mariadb
- 连接MariaDB服务器　　conn=mariadb.connect(user, password, host, database)
- 创建Cursor对象（游标）　　cur=conn.cursor()
- 执行SQL语句　　cur.execute('SELECT * FROM users WHERE userName=?', (Mike'.))
- 提交数据　　conn.commit()
- 关闭连接　　conn.close()

习　题　6

编程题

（1）从键盘输入一个字符串，将小写字母转换成大写字母，然后将转换后的内容写入文件（test. txt）中保存，并读取该文件中的内容。

（2）分析特定网站的 JSON 数据，输出所有具有某一特性的数据信息。

（3）创建一个包含 3 个学生、每人 3 门课成绩的 DataFrame 数据，如表 6-5 所示。

表 6-5　学生成绩

name	math	python	An
刘一	80	50	89
张三	85	100	90
李四	91	90	95

要求：

（1）查询所有学生 python 的成绩。

（2）查询所有学生 math、An 的成绩。

（3）查找李四的 An 的成绩。

（4）查找第 3 位学生的第 3 门课的成绩。

（5）添加 english 列的数据（'A'）。

（6）删除张三的成绩。

（7）删除第 1 门课、第 2 门课的成绩。

（8）按 An 成绩的倒序排序。

（9）把 DataFrame 数据保存到 data.csv 文件中。

（10）读取 data.csv 中的全部内容。

第7章 网络爬虫

信息化技术的飞速发展造就了大量数据的爆发性增长。这些数据往往蕴藏着巨大商业价值,在大数据时代,已成为企业的重要战略资产。由于数据分析对企业的发展起着促进作用,因此成为企业重点关注的领域。

要获取全面、准确的数据,可通过程序(简称爬虫)模拟用户向目标网站发出请求,并获取相关的数据信息。

7.1 爬虫基础

7.1.1 认识爬虫

网络爬虫,又被称为网页蜘蛛、网络机器人,它是一种按照一定的规则,自动爬取网络信息的程序或者脚本。网络爬虫应用非常广泛,它为人工智能、科学分析提供了大量的数据。简单地说,爬虫就是一个探测机器,它的基本操作就是模拟人的行为去各个网站下载需要的数据。爬虫主要实现两个功能:下载目标网页、从目标网页中提取所需数据。

根据爬取的应用场景,网络爬虫主要分为以下几种类型。

(1) 通用网络爬虫:又称全网爬虫。顾名思义,通用网络爬虫爬取的目标资源在互联网中,主要是门户网站、搜索引擎和大型 Web 服务的提供商采集数据。

(2) 聚焦网络爬虫:按预先定义好的主题有选择性地去爬取的网络爬虫。聚焦网络爬虫主要应用在为某一类特定的人群提供服务,专门爬取特定信息。这是本章关注的爬虫类型。

(3) 增量式网络爬虫:爬取更新页面或新产生的页面,但不下载没有变化的页面,有效地减少数据的下载量。增量式网络爬虫在一定程度上能够保证所爬取的页面是新的。

(4) 深层页面爬虫:在互联网中,网页可以分为表层页面和深层页面。表层页面指的是不需要提交表单,使用静态的链接就能够到达的页面;而深层页面则隐藏在表单后面,不能通过静态链接直接获取,是需要提交一定的关键词之后才能够获取得到的页面,例如,用户登录后才可访问的页面。深层网络爬虫专门获取互联网中深层页面的数据。

一般来说,网络爬虫通常是几种爬虫技术相结合实现的。

7.1.2 HTML 代码结构

HTML 文档本身是结构化的文本,书写需遵循一定的规则。因此熟悉它的结构,可以简化信息提取。HTML 语法结构如下。

<标签 属性 = "属性值"> HTML 代码(或文本)</标签>

一般情况下,HTML 标签包括开始标签和结束标签,但也有少量的单标签,如< br/>。在

HTML DOM 浏览器对象模型中,根据内容不同,HTML 可分为元素节点、属性节点、文本节点和注释节点。根据相互关系的不同,节点又分为父节点、同辈邻接兄弟节点、同辈往右邻接所有兄弟节点、同辈往左邻接所有兄弟节点、直接子节点和所有子节点。理解节点,有助于后续爬虫代码的参数设置。

7.1.3 HTTP 请求信息

浏览器与服务器交互的过程:浏览器向服务器发送一个 HTTP 请求,服务器接收请求,然后服务器做出响应,向浏览器返回请求的内容,最后浏览器下载响应内容,如图 7-1 所示。什么是 HTTP 请求? 简单地说,HTTP 请求可理解为从客户端到服务器的请求信息。

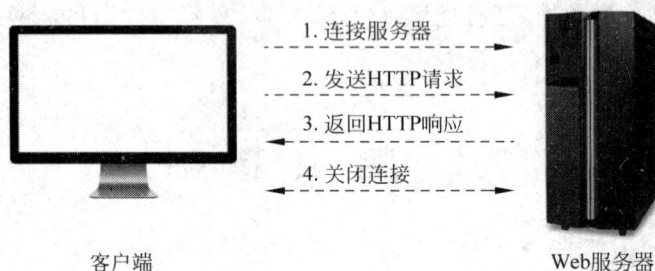

图 7-1　Web 服务流程

常见 HTTP 请求方法有两种:GET 和 POST。平时打开网站,默认使用的是 GET 方法,也就是请求一个页面。如果涉及向网站提交数据(如注册、登录),则使用 POST 方法。

请求头部的信息,往往包含许多客户端环境和请求正文的有用信息。例如,请求头部可以声明浏览器所用的语言、请求正文的长度等。最常见的反爬虫措施就是通过请求头部的用户代理(user agent,UA)信息,来判断这个请求是来自正常的浏览器还是爬虫。故在使用网络爬虫时,一般通过设置 UA 伪装,绕过服务器验证,来实现 Web 数据的爬取。

下面以 Chrome 浏览器为例,查看一下浏览器的请求头部的信息。

打开任意网页(如 http://www.zjgjxh.cn/index.html),在网页空白处右击,选择"检查"命令。浏览器弹出新页面(DevTools,开发者工具),选择页面中的 Network 选项,重新刷新网页,可以看到页面下方出现很多请求的 URL 记录,如图 7-2 所示。

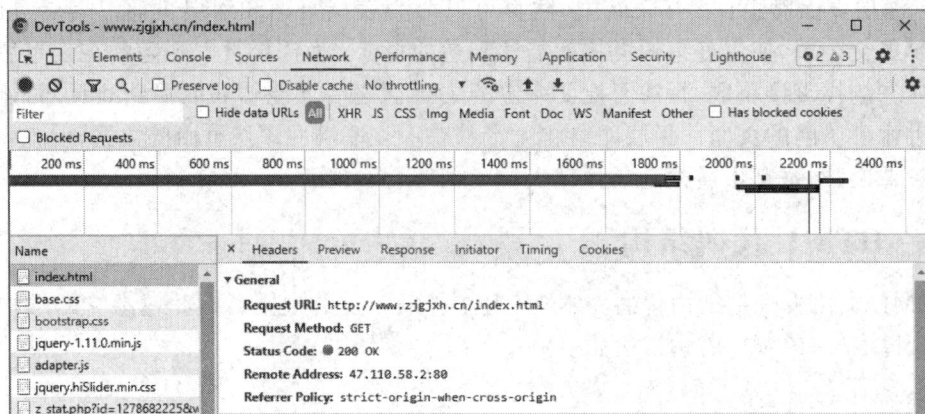

图 7-2　开发者工具

114

前三行请求的详细信息如下。

```
Request URL: http://www.zjgjxh.cn/index.html
Request Method: GET
Status Code: 200 OK
```

很明显,这里显示了请求的网址、请求方法和响应状态码等信息。当向下移动右侧滚动条,就能看到 Request Headers 的内容,也就是请求头部,如图 7-3 所示。

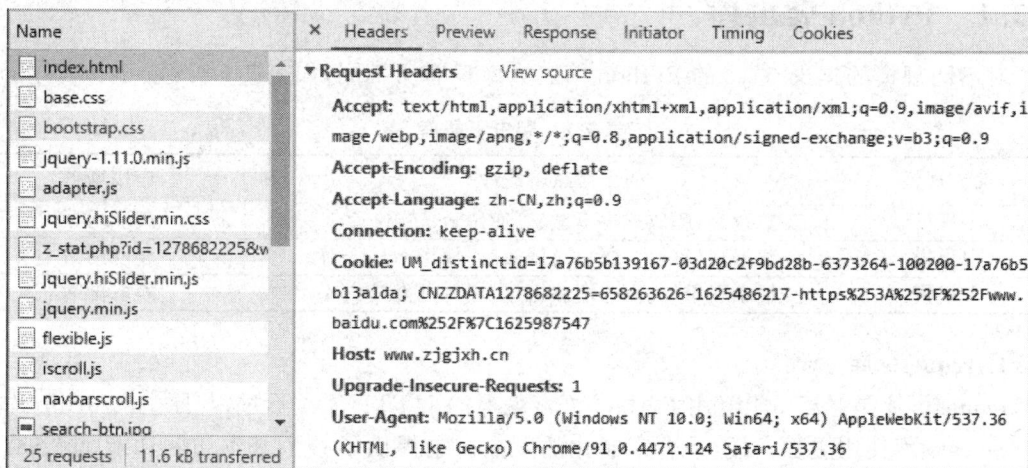

图 7-3　Request Headers 信息

从图 7-3 中可以看出,请求的 Headers 是以类似字典的形式存在的,这个字典包含了用户代理(User Agent)的信息。UA 通用格式为"Mozilla/5.0(平台)引擎版本 浏览器版本号"。例如,当前请求的 User-Agent 信息如下:

```
User-Agent: Mozilla/5.0 (Windows NT 10.0; Win64; x64) AppleWebKit/537.36 (KHTML, like Gecko) Chrome/ 91.0.4472.124 Safari/537.36
```

7.1.4　Robots 协议

Robots 协议是国际互联网网站间通行的道德规范,其目的是保护网站数据和敏感信息,确保用户个人信息和隐私不被侵犯。因其不是强制性规定,故需要搜索引擎自觉遵守。

robots.txt 是搜索引擎访问网站时需查看的第一个文件,它限制了爬取的范围。当一个网页蜘蛛访问一个站点时,它会首先检查该站点根目录下是否存在 robots.txt。如果存在,网页蜘蛛就会按照该文件中的内容来确定访问的范围。如果该文件不存在,表示网页蜘蛛访问网站中所有没有被保护的页面。

例如,百度的 www.baidu.com/robots.txt 内容如下。

```
User-agent: Baiduspider
Disallow: /baidu
Disallow: /s?
Disallow: /ulink?
Disallow: /link?
Disallow: /home/news/data/
…
```

其中，User-agent:Baiduspider 表示针对百度搜索引擎的限制，Disallow 表示禁止，如
Disallow:/baidu/提示禁止爬取 baidu 目录的内容，后面代码含义以此类推。

7.2 数 据 采 集

7.2.1 Python 爬虫库

对不同规模的爬虫，选择的 Python 第三方库也有所不同，如表 7-1 所示。

表 7-1　爬虫下载库

爬虫规模	爬虫下载库	应用场景
小规模	数量小，爬取速度不敏感，使用 requests 库	爬取网页
中规模	数据规模较大，爬取速度敏感，使用 scrapy 库	爬取网站
大规模	搜索引擎，爬取速度关键，需定制开发爬虫库	爬取全网

1. requests 库

requests 库是基于 urllib 用 Python 语言编写的 HTTP 库。不过，与原生的 urllib 库相比，requests 库使用更加方便，适合定制化的爬虫。它提供了一个基本访问功能，能下载网页的源代码。一般而言，只须伪装与浏览器同样的 Requests Headers 参数，就可以正常访问。

2. Scrapy 爬虫框架

Python 有一个成熟的爬虫框架（scrapy）。用户只须定制开发几个模块就可以轻松实现一个爬虫，用来爬取网页内容以及各种图片，非常方便，比较适合新手学习。

7.2.2 requests 库的安装

requests 库并非 Python 自带的模块，使用前需要先安装。常用的安装方法如下。

1. 通过 Windows 命令行安装

首先进入 Windows 命令行（cmd），然后使用 pip 命令进行安装。

```
pip install requests
```

如果下载速度较慢，也可以通过国内镜像（如清华大学）网站下载，使用方法如下。

```
pip install requests - i https://pypi.tuna.tsinghua.edu.cn/simple/
```

或者从 PyPI 的官网（https://pypi.org/project/requests/#files）下载.whl 文件。假设 requests-2.26.0-py2.py3-none-any.whl 保存在 D:\Downloads，则安装的命令如下：

```
pip install D:\Downloads\requests - 2.26.0 - py2.py3 - none - any.whl
```

2. 在 PyCharm 的 Terminal 窗口中安装

在 PyCharm 的 Terminal 窗口中，可通过 pip 命令下载并安装，如图 7-4 所示。如果出现错误信息，提示不是系统命令，说明没有配置环境变量，则可切换到 pip.exe 所在文件夹进行安装。

图 7-4　在 Terminal 窗口安装 requests 库

　　安装完成后,即可进入 Python 运行环境,输入 import requests 语句进行测试,如果运行没有报错,说明已经安装成功了,如图 7-5 所示。

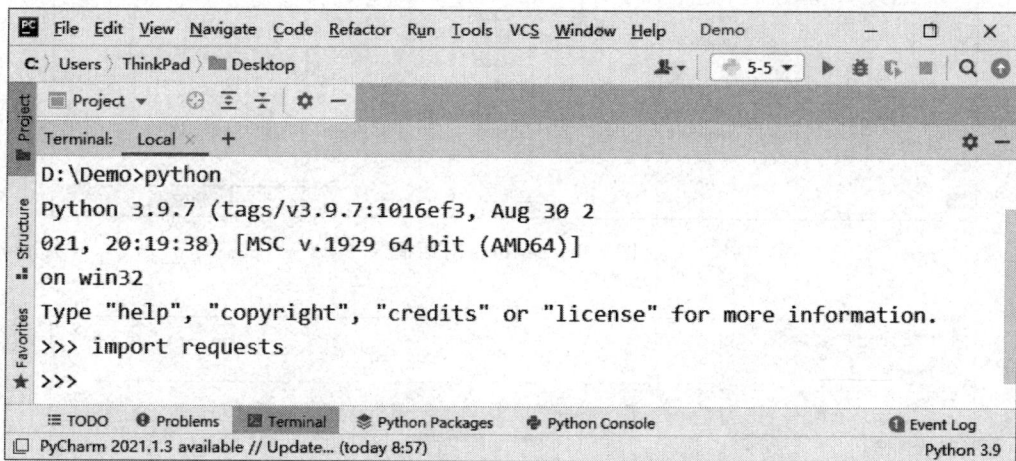

图 7-5　测试 import requests 语句

3. 使用 PyCharm 自带的包管理工具安装

　　PyCharm 自带的包管理工具也十分实用,用户可以可视化地进行查询和新增。选择菜单命令 File→Settings,打开 Settings 对话框,如图 7-6 所示。

　　然后选择 Settings 对话框的 Project:Demo(Demo 为自建项目名称,不固定)下的 Python Interpreter 选项,单击"＋"按钮进行添加。在弹出的 Available Packages 对话框中搜索并添加包,如图 7-7 所示。

7.2.3　requests 库的请求方法

　　使用 Request 对象发送请求非常简单,首先导入 requests 库。

```
import requests
```

假设需要获取百度首页,可使用以下命令。

```
r = requests.get('https://www.baidu.com/')
```

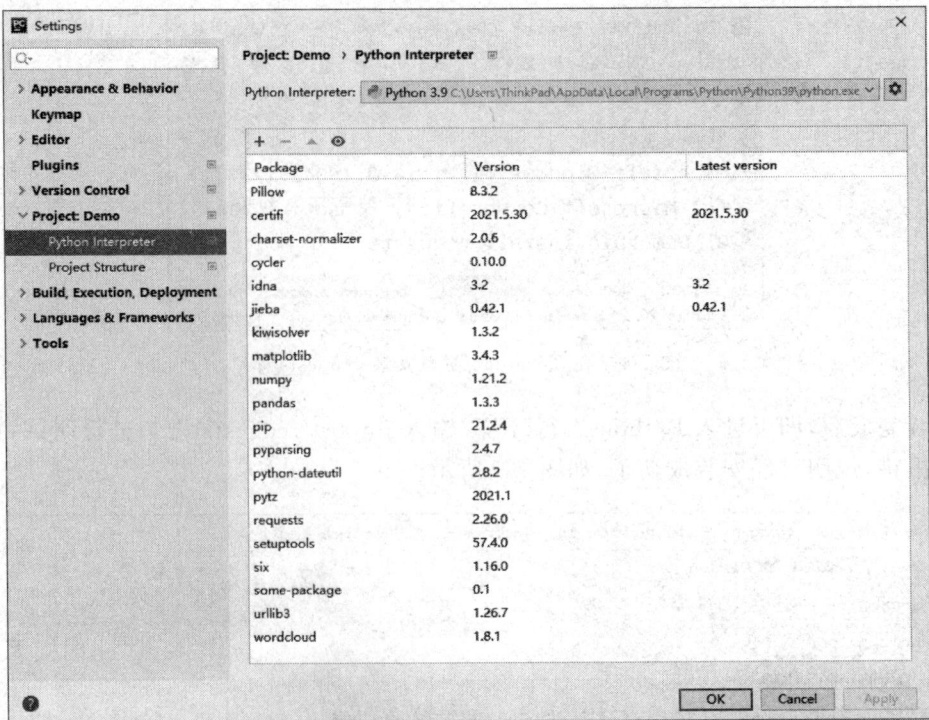

图 7-6　Settings 对话框

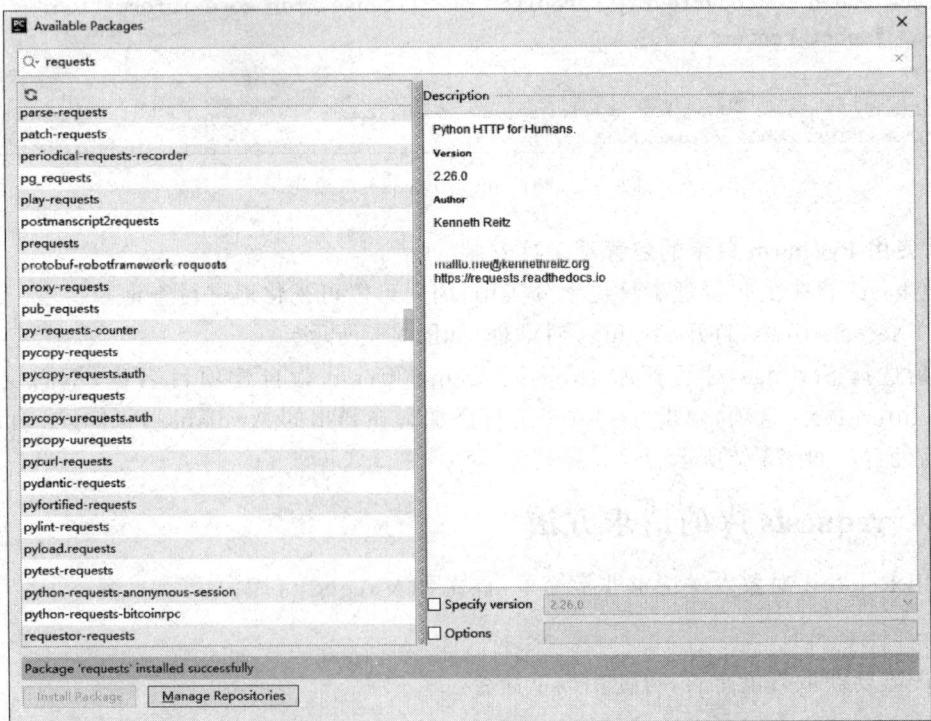

图 7-7　Available Packages 对话框

通过 requests.get()方法,很容易判断所使用的 HTTP 请求方法是 GET 方法,并把返回的 Response 对象赋给变量 r。

当然,这里也可以用 POST 方法。

```
r = requests.post('https://www.baidu.com/')
```

提示:如果数据就在下载的源码中,这种情况是最简单的,表示获取到数据,剩下的操作就是数据提取、清洗和保存。倘若网页里有而源代码里没有,就表示数据保存在其他地方,比如,在 Ajax 异步加载的 JSON 数据中,读者可从浏览器开发者工具的 XHR 中分析获取。

7.2.4　定制请求头部

服务器通过读取请求头部的用户代理(user agent)信息,来判断请求是来自正常浏览器还是爬虫。因此,爬取数据前,需要为请求添加 HTTP 头部信息来伪装成正常的浏览器。

定制请求头部,只需要简单地传递用户代理的 headers 参数即可。

```
headers = {'user - agent':'Mozilla/5.0 (Windows NT 10.0; Win64; x64) AppleWebKit/537.36 (KHTML,
like Gecko) Chrome/94.0.4606.81 Safari/537.36'}
url = 'https://www.baidu.com/'
r = requests.get(url, headers = headers)
```

7.2.5　响应对象

使用 Request 对象的请求方法后,系统会返回服务器响应的内容,即把 URL 对应的网页内容下载到本地,保存到 Response 对象中。需要注意: 请求用到 Request 对象,返回值保存在 Response 对象中,如图 7-8 所示。

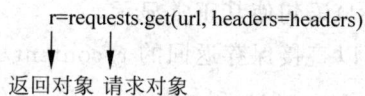

r=requests.get(url, headers=headers)

返回对象　请求对象

图 7-8　返回对象与请求对象

Response 对象的常用属性如表 7-2 所示。

表 7-2　**Response 对象的常用属性**

属　　　性	说　　　明
status_code	HTTP 请求的返回状态,200 表示连接成功,404 表示失败
text	HTTP 响应返回编码后的字符串
content	HTTP 响应返回二进制字节码
encoding	从 HTTP header 中猜测的响应内容编码方式
apparent_encoding	从内容中分析出的响应内容编码方式(备选编码方式)

如果返回的是字符串,一般来说,直接使用 text 属性获取比较方便。

```
print(r.text [:500])          #打印前 500 个字符切片信息
print(r.text)
```

注意：Request 对象会自动解码来自服务器的内容，大多数 unicode 字符集都能被无缝地解码。只有在特殊编码的情况下才需要修改编码。

例如，百度源码使用 UTF-8 编码，如图 7-9 所示。

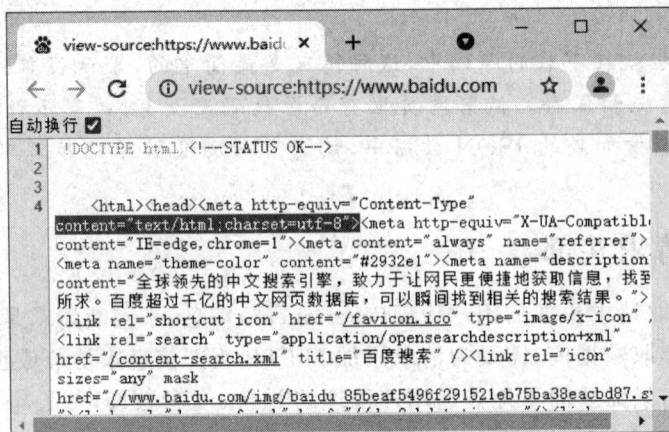

图 7-9　百度源码

获取编码的语句如下。

r. encoding

设置编码的语句如下。

```
r. encoding = 'utf - 8'              ♯ 设置指定的编码方式 UTF - 8
r. encoding = r. apparent_encoding   ♯ 指定为从内容中分析出的响应内容编码方式
```

如果 r. encoding 为相应的编码（utf-8），就能使用正确的编码解析 r. text 内容了，也可以使用 r. content. decode('utf-8')语句使其正常显示。

如果获得的是一张图片，可以直接保存返回的 r. content 二进制数据。

```
with open('pic. jpg', 'wb') as tp:
tp. write(r. content)
```

7.2.6　HTTP 响应状态码

HTTP 响应状态码（status code）是用以表示网页服务器 HTTP 响应状态的 3 位数字代码，可以使用 response. status_code 查看响应状态码。例如：

```
import requests
headers = {'user - agent':'Mozilla/5.0 (Windows NT 10.0; Win64; x64) AppleWebKit/537.36 (KHTML,
like Gecko) Chrome/94.0.4606.81 Safari/537.36'}
url = 'https://www.baidu.com/'
r = requests. get(url, headers = headers)
print(r. status_code)
```

常见的 HTTP 响应状态码及其含义如下。

200：请求成功。

301：资源（网页等）被永久转移到其他 URL。

500：内部服务器错误。

7.2.7　传递 URL 查询参数

很多时候,网站会通过 URL 的查询字符串(query string)传递数据。例如,在百度搜索框中搜索关键字 python,就会发现 URL 路径变为

https://www.baidu.com/s?wd = python&ie = utf − 8

这就是通过 URL 传递查询参数的例子,当然这行代码是简写的,实际上传递的参数值可能更多。查询的数据会以键值对的形式置于 URL 问号的后面。requests 允许 params 关键字参数设置为一个字典类型的数据。例如,在百度中查询与 Python 相关的内容,可以传递 wd＝python 和 ie＝utf-8 到 https://www.baidu.com/s,其中,wd 表示 PC 端查询,ie＝utf-8 表示关键字编码格式默认为 GB 2312 简体中文。代码如下:

```
import requests
url = 'https://www.baidu.com/s'
params = {'wd':'python','id':'utf − 8'}
r = requests.get(url,params = params)
print(r.url)
```

可通过输出该请求的 URL,查看 URL 是否被正确编码,代码如下。

https://www.baidu.com/s?wd = python&ie = utf − 8

7.3　解　析　数　据

7.3.1　常用解析数据的方法

源代码下载后,接下来就是解析数据。常用的解析方法有三种。

(1)通过正则表达式从文本中查找匹配的数据。它的优点是基本能用正则表达式来提取所有想要的信息,而且查找效率高,但正则表达式不太直观,写起来比较复杂。

(2)通过 BeautifulSoup 从 HTML、XML 文件中提取数据。BeautifulSoup 编写效率高,但相比 lxml 库与正则表达式,解析速度慢得多。

(3)通过 XPath 对 HTML、XML 进行数据解析。XPath 解析使用的库是 lxml 库。XPath 选择功能十分强大,它提供了非常简明的路径选择表达式。另外,XPath 还提供了超过 100 个内建函数。几乎所有节点都可以用 XPath 来选择,而且 XPath 语法比较直观易懂,代码速度运行快且健壮,一般来说,它是解析数据的最佳选择。

7.3.2　使用正则表达式提取数据

正则表达式是一个特殊的字符序列,类似 Windows 中搜索文件时用到的通配符所构成的表达式,能帮助用户检查一个字符串是否与某种模式匹配。Python 拥有内置的 re 模块,它提供了 Perl 风格的正则表达式模式。由于正则表达式编写或者阅读都相对复杂,这里只做简单的入门介绍。

1. 正则表达式的语法

正则表达式语法中常见的特殊字符如表 7-3 所示。

表 7-3　正则表达式的组成

特 殊 字 符	说　　　明
.	匹配除换行符外的任意字符
^	表示字符串的开头
$	表示字符串尾或者在字符串尾的换行符的前一个字符
*	对它前面的正则式,匹配 0 到任意次重复
+	对它前面的正则式,匹配 1 到任意次重复
?	对它前面的正则式,匹配 0 到 1 次重复
[abc]	表示一个匹配 a 或 b 或 c 的字符集合
[a-z]	表示匹配任何小写的 ASCII 字符
{m}	对其之前的正则表达式,指定匹配 m 个重复
\	表示后面的字符以常规字符处理
\d	匹配任何 Unicode 十进制数,相当于[0-9]
\r	回车符
\n	换行符
\t	Tab 制表符
\s	空格符
^	求反
\w	匹配数字、字母或下画线数字,相当于[0-9a-zA-Z]
\W	匹配非字母、数字,也非下画线的字符,等价于[^0-9a-zA-Z]

以下是一些常见的使用示例。

整数:[0-9]+

小数:[0-9]+\.[0-9]+

英文字符串:[a-Za-z]+

变量名称:[a-zA-Z][a-zA-Z0-9]*

Email:[a-zA-Z0-9_.+-]+@[a-zA-Z0-9-]+\.[a-zA-Z0-9.]+

URL:http://[a-zA-Z0-9\./_]+

2. 利用正则表达式抓取网页内容

使用正则表达式时,需要用到 re 库。它是 Python 标准库,不需要额外下载,使用时直接引入即可:import re。利用正则表达式抓取网页内容的过程如下。

(1) 创建正则表达式对象。首先导入 re 库,再用 re.compile()创建正则表达式对象。

(2) 使用正则表达式对象的方法搜索指定字符串。

搜索并返回一个匹配项的方法有 3 个:search()用于查找任意位置的匹配项、match()必须从字符串开头匹配、fullmatch()则要求整个字符串与正则表达式完全匹配。其中,match()和 search()方法返回 sre.SRE_Match 对象,它可以再次通过 sre.SRE_Match 对象的方法 group()、start()、end()、span()获取有用的信息。查找多项的方法主要有 findall()、finditer(),但 findall()返回的是列表,而 finditer()返回的是迭代器。

示例:在字符串"2021hello9python"中查找所有符合正则表达式规则的字符串。

```
import re
pat = re.compile('[a - z] + ')              # 小写英文字母
m = pat.findall('2021hello9python')          # 简便起见,把查询的结果赋给 m
print(m)        # ['hello', 'python']
```

7.3.3　使用 BeautifulSoup 解析数据

BeautifulSoup 是一个能从 HTML 或 XML 文件中提取数据的 Python 第三方库,它能通过自己定义的解析器来提供导航、搜索,甚至改变解析树。它最大的特点是简单易用,不像正则表达式和 XPath 语法那样需要刻意记住很多特定的语法。对大多数 Python 使用者来说,好用比高效更重要。

1. 安装 BeautifulSoup 库

BeautifulSoup 不是 Python 标准库,使用前需要安装,可以用 pip 命令安装。

```
pip install beautifulsoup4
```

注意,这里安装的是 beautifulsoup4。当然也可以在 PyCharm 自带的包管理工具中进行安装,如图 7-10 所示。

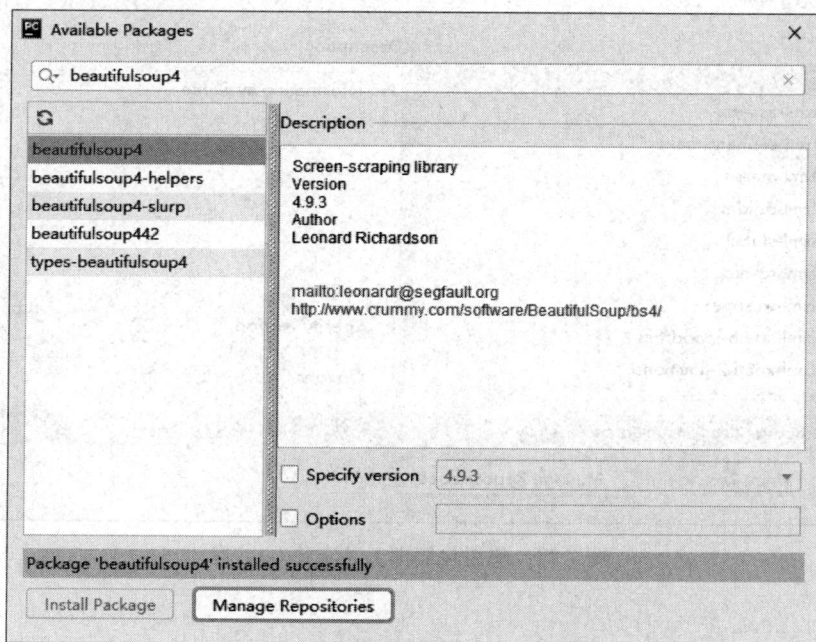

图 7-10　使用包管理工具安装 BeautifulSoup4

2. 创建 BeautifulSoup 对象

使用前,需先导入 BeautifulSoup 库,然后创建一个 BeautifulSoup 对象。

```
from bs4 import BeautifulSoup
sp = BeautifulSoup(源码,解析器名称)
```

其中,源代码可以是传入的一个字符串或一个文件句柄。BeautifulSoup 除了支持 Python 标准库中的 HTML 解析器外,还支持一些第三方的解析器。解析器类型如表 7-4 所示。

表 7-4　BeautifulSoup 解析器

解　析　器	说　　明	示　　例
Python HTML 解析器	Python 标准库,执行速度适中,文档容错能力强	BeautifulSoup(html,'html. parser')
lxml HTML 解析器	Python 第三方库,解析速度快,文档容错能力强,官方推荐使用	BeautifulSoup(html,'lxml')
lxml XML 解析器	Python 第三方库,同属 lxml 库,是唯一支持 XML 的解析器	BeautifulSoup(html,'xml')
html5lib	Python 第三方库,最好的容错性,但速度慢,以浏览器方式解析生成 HTML5 文档	BeautifulSoup(html,'html5lib')

注意:html. parser 是 Python 的标准库,可直接使用,但若要使用官方推荐的 lxml HTML 解析器,使用前需自行安装,因为 lxml 库是 Python 第三方库。安装 lxml 库的命令为 pip install lxml,当然也可以在 PyCharm 自带的包管理工具中进行安装,如图 7-11 所示。

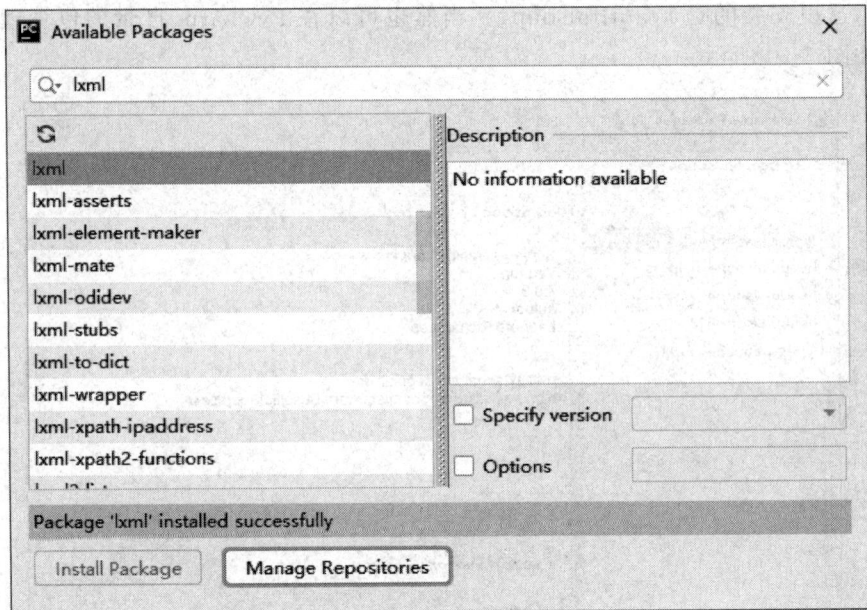

图 7-11　使用包管理工具安装 lxml 库

示例:

```
from bs4 import BeautifulSoup
#第一种情况:解析 HTML 字符串
html_doc = '<div>data</div>'
sp = BeautifulSoup(html_doc,'lxml')
#第二种情况:解析当前目录下的 index.html 文件
with open('index.html','r') as f:
    sp = BeautifulSoup(f,'lxml')
```

3. 使用 BeautifulSoup 对象解析数据

BeautifulSoup 对象常用的方法如表 7-5 所示。

表 7-5　**BeautifulSoup 对象的常用方法**

方　　法	说　　　明
get_text()	返回去除所有 HTML 标签后的网页内容
find()	返回第一个符合条件的标签
find_all()	返回所有符合条件的标签所组成的列表
select()	如果参数是标签,则与 find_all() 功能相同,还可以用 CSS 样式作为参数

为了方便讲解,下面通过手工创建 HTML 代码为例进行说明。需要说明的是,代码中存在书写小问题,主要目的是为了验证 BeautifulSoup 在解析代码时的容错性。

```
html_doc = '''
<html>
<head><title>The Dormouse's story</title></head>
<body>
    <p class = "title"><b>The Dormouse's story</b></p>
    <p class = "story">
      Once upon a time there were three little sisters; and their names were
      <a href = "http://example.com/elsie" class = "sister" id = "link1">Elsie</a>,
      <a href = "http://example.com/lacie" class = "sister" id = "link2">Lacie</a>
      and
      <a href = "http://example.com/tillie" class = "sister" id = "link3">Tillie</a>;
      and they lived at the bottom of a well.
    </p>
    <p class = "story">...</p>
'''
```

首先使用 bs4 的初始化操作,创建一个 BeautifulSoup 对象,建议手动指定解析器类型。

```
from bs4 import BeautifulSoup
sp = BeautifulSoup(html_doc,'lxml')
```

提示:这里使用第三方 lxml HTML 解析器,使用前,需要提前安装 lxml 库。

若想使用 BeautifulSoup 对象解析获取想要的 HTML 内容,大致可分三种途径去实现。

(1) 利用元素节点(即 HTML 标签),获取其中的某个结构化元素及其属性

① 使用"sp. 元素"获取元素的内容。

```
sp.title                ＃ title 元素
```

运行结果:

```
<title>The Dormouse's story</title>
sp.p                    ＃第一个 p 元素
```

运行结果:

```
<p class = "title"><b>The Dormouse's story</b></p>
sp.p.b                  ＃第一个 p 元素下的 b 元素
```

运行结果:

```
<b>The Dormouse's story</b>
sp.p.parent.name        ＃p 元素的父节点的标签
```

运行结果：

```
body
```

② 使用"sp.元素[属性]"或通过 GET 方法获取属性值。

```
sp.p['class']              #p 元素的 class 属性
```

运行结果：

```
['title']
sp.p.get('class')          #p 元素的 class 属性
```

运行结果：

```
['title']
```

（2）利用过滤器查找

并不是所有信息都可简单地通过结构化获取，通常使用 find()和 find_all()方法进行查找。

```
sp.find_all('a')           #所有 a 元素
```

运行结果：

```
[< a class = "sister" href = "http://example.com/elsie" id = "link1"> Elsie </a>,
< a class = "sister" href = "http://example.com/lacie" id = "link2"> Lacie </a>,
< a class = "sister" href = "http://example.com/tillie" id = "link3"> Tillie </a>]
```

```
sp.find_all('a')[1]        #第二个 a 元素
```

运行结果：

```
< a class = "sister" href = "http://example.com/lacie" id = "link2"> Lacie </a>
```

注意：列表的索引从 0 开始。索引 1 表示第 2 个元素。

```
sp.find(id = 'link3')          # id 为 link3 的元素
```

运行结果：

```
< a class = "sister" href = "http://example.com/tillie" id = "link3"> Tillie </a>
```

find()和 find_all()可以有多个搜索条件叠加，如 find('a', id = 'link3', class_ = 'sister')。

注意：class_带下画线，因为 class 是 Python 的语法关键字。如果没有下画线，程序会出现语法错误。

```
sp.find(class_ = 'story')       # class 为 story 的元素
```

运行结果：

```
< p class = "story">
Once upon a time there were three little sisters; and their names were
< a class = "sister" href = "http://example.com/elsie" id = "link1"> Elsie </a>,
< a class = "sister" href = "http://example.com/lacie" id = "link2"> Lacie </a> and
< a class = "sister" href = "http://example.com/tillie" id = "link3"> Tillie </a>;
and they lived at the bottom of a well.
</p>
```

```
sp.find(class_ = 'story').get_text()              #仅可见文本内容
```

运行结果：

'\nOnce upon a time there were three little sisters; and their names were\nElsie,\nLacie\nand\nTillie;\nand they lived at the bottom of a well.\n'

print(sp.find(class_ = 'story').get_text())　　　♯输出文本内容

运行结果：

Once upon a time there were three little sisters; and their names were
Elsie,
Lacie and
Tillie;
and they lived at the bottom of a well.

提示：注意区别命令中有、无 print()的差异。

sp.find(class_ = 'story').contents　　　　　　♯将子元素存入列表中

运行结果：

['\nOnce upon a time there were three little sisters; and their names were\n', < a class = "sister" href = "http://example.com/elsie" id = "link1"> Elsie </a>, ',\n', < a class = "sister" href = "http://example.com/lacie" id = "link2"> Lacie </a>, ' and\n', < a class = "sister" href = "http://example.com/tillie" id = "link3"> Tillie </a>, ';\nand they lived at the bottom of a well.\n']

（3）利用 CSS 选择器查找

如果熟悉 CSS 选择器，也可以使用 bs4 提供的 select()方法，返回是列表对象。

① 通过标签查找。

sp.select('head')

运行结果：

[< head >< title > The Dormouse's story </title ></head >]

② 通过 ID 查找。

sp.select('♯link1')

运行结果：

[< a href = "http://example.com/elsie" class = "sister" id = "link1"> Elsie </a>]

③ 通过 class 查找。

sp.select('.sister')

运行结果：

[< a class = "sister" href = "http://example.com/elsie" id = "link1"> Elsie </a>, < a class = "sister" href = "http://example.com/lacie" id = "link2">Lacie </a>, < a class = "sister" href = "http://example.com/tillie" id = "link3"> Tillie </a>]

④ 通过属性查找。

sp.select('p[class = title]')

运行结果：

[< p class = "title" name = "dromouse">< b > The Dormouse's story </b></p>]

127

⑤ 通过组合查找。

```
sp.select('html head title')            #父元素 html 的子元素 head 的子元素 title
```

运行结果：

```
[<title>The Dormouse's story</title>]
sp.select('p > #link1')                 #父元素 p 内所有 id=link1 的子元素
```

运行结果：

```
[<a class="sister" href="http://example.com/elsie" id="link1">Elsie</a>]
```

7.3.4 使用 XPath 解析网页

XPath(XML path language)是一门在 XML 文档中查找信息的语言。最初是用来搜寻 XML 文档的,但同样适用于 HTML 文档,因此完全可以使用 XPath 解析网页。

XPath 的选择功能十分强大,它提供了非常简洁的路径选择表达式,能快速定位指定的节点(如元素节点、属性节点和文本节点等),XPath 的常用规则如表 7-6 所示。

表 7-6 XPath 的常用规则

表达式	描 述	表达式	描 述
nodename	选取此节点的所有子节点	..	选取当前节点的父节点
/	从根节点选取	@	匹配属性节点
//	选取所有符合要求的节点	[]	设置筛选的条件
.	选取当前节点	text()	获取节点的文本内容

注意：XPath 解析使用的是 lxml 库。使用前,需先安装 lxml 库。

示例：

(1) 导入 lxml.etree 库,因为大部分功能都存在 lxml.etree 下。

```
from lxml import etree
```

(2) 声明一段 HTML 文本,代码中标签略有不全,目的是为了测试 etree 的修正功能。

```
html_doc = '''
<div>
    <ul>
        <li class="item-0"><a href="link1.html"><span>first item</span></a></li>
        <li class="item-1"><a href="link2.html">second item</a></li>
        <li class="item-inactive"><a href="link3.html">third item</a></li>
        <li class="item-1"><a href="link4.html">fourth item</a></li>
        <li class="item-0"><a href="link5.html">fifth item</a>
    </ul>
</div>
'''
```

HTML 源代码对应的 DOM 结构树如图 7-12 所示。

HTML 的结构可用树状结构进行描述,HTML 是根节点,所有的其他元素节点都是从根节点发出的。其他的元素都是这棵树上的节点 Node,每个节点还可能有属性节点和文本节点。路径就是指某个节点到另一个节点的路线,XPath 语法实际上就是使用这种层级的

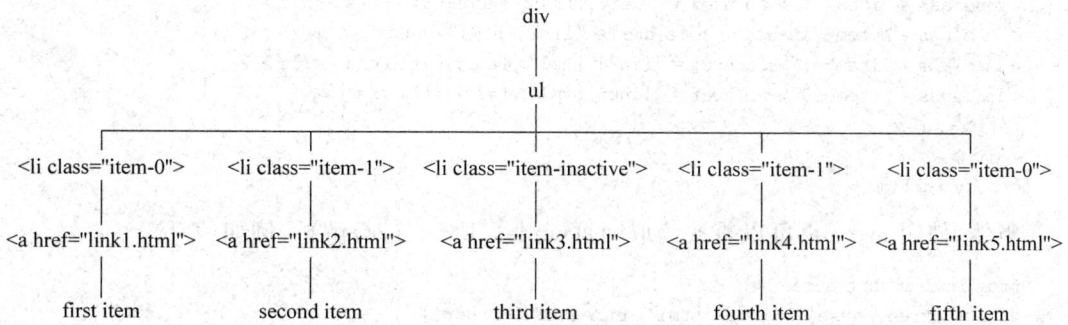

图 7-12　HTML 源代码树形结构

路径来找到相应元素。如果某个元素或地址是唯一的，XPath 就可以直接定位到该元素。

（3）调用 etree 的 HTML() 方法对 HTML 文本进行初始化，构造的 XPath 文档对象为 Element 对象。etree 模块还具有特殊的功能：它能自动添加 html、body 节点，并自动修正 HMTL 文本，如最后一个 li 标签缺少闭合，系统会自动添上。

```
data = etree.HTML(html_doc)        #<Element html at 0x253e0424a40>
```

如果想查看 Element 对象保存的内容，需调用 tostring() 方法，结果为 bytes 类型（以 b 开头的字符串），然后通过 decode() 方法中指定的编码格式去解码字符串。

```
result = etree.tostring(data)
print(result)
```

运行结果：

b'<html><body><div>\n<ul>\n<li class="item-0"><a href="link1.html">first item</a></li>\n<li class="item-1"><a href="link2.html">second item</a></li>\n<li class="item-inactive"><a href="link3.html">third item</a></li>\n<li class="item-1"><a href="link4.html">fourth item</a></li>\n<li class="item-0"><a href="link5.html">fifth item</a>\n</li></ul>\n</div>\n</body></html>'

具体的 decode() 参数需要在浏览器中查看网页源代码。例如，<meta charset="utf-8">对应代码为 decode('utf-8')，运行结果将 bytes 类型转成 str 类型，代码中的 "\n" 自动转成换行效果。如果网页源代码中查找不到<meta>标签，则 decode() 默认设置为"utf-8"。

```
result.decode('utf-8')
```

运行结果：

'<html><body><div>\n<ul>\n<li class="item-0"><a href="link1.html">first item</a></li>\n<li class="item-1"><a href="link2.html">second item</a></li>\n<li class="item-inactive"><a href="link3.html">third item</a></li>\n<li class="item-1"><a href="link4.html">fourth item</a></li>\n<li class="item-0"><a href="link5.html">fifth item</a>\n</li></ul>\n</div>\n</body></html>'

```
print(result.decode('utf-8'))
```

运行结果：

```
<html><body><div>
<ul>
<li class="item-0"><a href="link1.html"><span>first item</span></a></li>
```

129

```
< li class = "item - 1"><a href = "link2.html"> second item </a></li>
< li class = "item - inactive"><a href = "link3.html"> third item </a></li>
< li class = "item - 1"><a href = "link4.html"> fourth item </a></li>
< li class = "item - 0"><a href = "link5.html"> fifth item </a>
</li></ul>
</div>
</body></html>
```

当然，使用 etree 也可以直接读取网页（index.html）进行解析，例如：

```
from lxml import etree
data = etree.parse('./index.html', etree.HTMLParser())
result = etree.tostring(data)
print(result.decode('utf - 8'))
```

（4）获取节点。Element 对象使用 XPath 筛选时，系统会返回一个筛选的结果列表。其中，用以"//"开头的 XPath 规则来选取所有符合要求的节点。* 代表匹配所有节点，返回的结果是一个列表，每个元素都是一个 Element 类型，后跟节点名称。

```
result = data.xpath('// * ')
print(result)
```

运行结果：

```
[< Element html at 0x1aa0e0747c0 >, < Element body at 0x1aa0e3ccb40 >, < Element div at
0x1aa0e3ccb80 >, <Element ul at 0x1aa0e3ccbc0 >, <Element li at 0x1aa0e3ccc00 >, <Element a at
0x1aa0e3ccc80 >, <Element span at 0x1aa0e3cccc0 >, <Element li at 0x1aa0e3ccd00 >, <Element a
at 0x1aa0e3ccd40 >, <Element li at 0x1aa0e3ccc40 >, <Element a at 0x1aa0e3ccd80 >, <Element
li at 0x1aa0e3ccdc0 >, <Element a at 0x1aa0e3cce00 >, <Element li at 0x1aa0e3cce40 >, <Element
a at 0x1aa0e3cce80 >]
```

说明：当前得到的结果是 Element 列表，如果想查看 Element 对象保存的内容，须先访问列表指定元素，然后调用 tostring()、decode() 方法。

若想筛选信息，也可以指定匹配的节点名称，例如：

```
result = data.xpath('//li')
print(result)
```

运行结果：

```
[< Element li at 0x1aa0e3ccc00 >, < Element li at 0x1aa0e3ccd00 >, < Element li at 0x1aa0e3ccc40 >,
< Element li at 0x1aa0e3ccdc0 >, < Element li at 0x1aa0e3cce40 >]
```

要获取子节点，可通过/或//查找。例如，以下代码选择 li 节点的所有 a 子节点。

```
result = data.xpath('//li/a')
print(result)
```

运行结果：

```
[< Element a at 0x1aa0e3ccac0 >, < Element a at 0x1aa0e3ccc80 >, < Element a at 0x1aa0e3cccc0 >,
< Element a at 0x1aa0e3ccf00 >, < Element a at 0x1aa0e3ccd40 >]
```

获取父节点时，如果知道子节点，查询时可以用".."来实现。

```
# 获得 href 属性为 link4.html 的 a 节点的父节点的 class 属性
result = data.xpath('//a[@href = "link4.html"]/../@class')
print(result)
```

运行结果：

```
['item - 1']
```

在进行属性匹配时，可以用@符号进行属性过滤。

```
result = data.xpath('//li[@class = "item - inactive"]')
print(result)
```

运行结果：

```
[< Element li at 0x1aa0e3cca80 >]
```

在获取文本所在节点后，可以直接获取文本。

```
result = data.xpath('//li[@class = "item - 0"]/a/text()')
print(result)
```

运行结果：

```
['fifth item']
```

在 XPath 语法中，@符号相当于过滤器，可以直接获取节点的属性值。

```
result = data.xpath('//li/a/@href')
print(result)
```

运行结果：

```
['link1.html', 'link2.html', 'link3.html', 'link4.html', 'link5.html']
```

可以按照方括号内加索引或其他相应的语法来获得节点，匹配结果是多个节点。需要注意的是，XPath 中的索引从 1 开始，而不是从 0 开始。

```
# 获取第二个节点
result = data.xpath('//li[2]/a/text()')
print(result)
```

运行结果：

```
['second item']
```

思考：假设获取的是第一个节点，针对源代码< li class = "item-0">< a href = "link1.html">< span > first item </span ></a ></li >，则 result＝data.xpath('//li[1]/a/text()')将返回何值(text()只能返回当前节点的文本，而不能返回子节点内的文本)。

```
# 获取前二个节点
result = data.xpath('//li[position()< 3]/a/text()')
print(result)
```

运行结果：

```
['second item']
```

说明：第一个节点只包含< span >标签，故返回为空，所以前二个值为['second item']。

```
# 获取最后一个节点
result = data.xpath('//li[last()]/a/text()')
print(result)
```

运行结果：

```
['fifth item']
♯ 获取倒数第三个节点
result = data.xpath('//li[last() - 2]/a/text()')
print(result)
```

运行结果：

```
['third item']
```

XPath 提供了很多节点轴选择方法，包括子元素、兄弟元素、父元素、祖先元素等。

获取第一个 li 的所有祖先节点的代码如下。

```
result = data.xpath('//li[1]/ancestor:: * ')
print(result)
```

运行结果：

```
[< Element html at 0x1aa0e0747c0 >, < Element body at 0x1aa0e3cce40 >, < Element div at
0x1aa0e3ccc00 >, < Element ul at 0x1aa0e3ccfc0 >]
```

获取第一个 li 的祖先节点的代码如下。

```
result = data.xpath('//li[1]/ancestor::div')
print(result)
```

运行结果：

```
[< Element div at 0x1aa0e3ccc00 >]
```

获取第一个 li 的所有属性值的代码如下。

```
result = data.xpath('//li[1]/attribute:: * ')
print(result)
```

运行结果：

```
['item - 0']
```

获取 href 属性值为 link1.html 的直接子节点的代码如下。

```
result = data.xpath('//li[1]/child::a[@href = "link1.html"]')
print(result)
```

运行结果：

```
[< Element a at 0x1aa0e3ccc40 >]
```

获取所有的孙节点中的 span 节点，但不包含子节点 a 的代码如下。

```
result = data.xpath('//li[1]/descendant::span')
print(result)
```

运行结果：

```
[< Element span at 0x1aa0e3ccfc0 >]
```

获取当前所有节点之后的第二个节点的代码如下。

```
result = data.xpath('//li[1]/following:: * [2]')
print(result)
```

运行结果：

[< Element a at 0x1aa0e3ccec0 >]

获取当前节点之后的所有同级节点的代码如下。

```
result = data.xpath('//li[1]/following - sibling:: * ')
print(result)
```

运行结果：

[< Element li at 0x1aa0e3cce40 >, < Element li at 0x1aa0e3ccc00 >, < Element li at 0x1aa0e3cccc0 >, < Element li at 0x1aa0e3ccc80 >]

示例：编写 HTML 文档，保存为 stanford.html。

```
< html >
    < head >
        < meta http - equiv = "content - type" content = "text/html; charset = UTF - 8"/>
        < title > Home | Stanford Medicine </title >
        < style type = "text/css"> span a{display:block}</style >
    </head >
    < body >
        < div class = "skip - to - links">
            < a href = " # " class = "sr - only"> Skip to Content </a >
            < a href = " # " class = "sr - only"> Skip to Local Navigation </a >
            < span >
                < a href = " # " class = "sr - only"> Skip to Global Navigation </a >
            </span >
        </div >
    </body >
</html >
```

要求获取< div >标签下的所有开始标签< a >与结束标签</a >之间的文本。代码如下。

```
from lxml import etree

html = etree.parse('stanford.html')
#"/"用来获取子元素,但个别 a 元素并不是 div 的子元素,所以要用双斜杠"//"
datas = html.xpath('//html/body/div//a/text()')
print(datas)
for data in datas:
    print(data)
```

运行结果：

['Skip to Content', 'Skip to Local Navigation', 'Skip to Global Navigation']
Skip to Content
Skip to Local Navigation
Skip to Global Navigation

7.4　拓 展 练 习

7.4.1　爬取豆瓣首页源码

【任务描述】
爬取豆瓣首页的源代码。

【任务分析】

要进行数据采集,须用到爬虫下载库 requests。

【任务实现】

(1) 导入 requests 库。

```
import requests
```

(2) 设置 UA 伪装参数。

```
headers = {'user - agent':'Mozilla/5.0 (Windows NT 10.0; Win64; x64) AppleWebKit/537.36 (KHTML,
like Gecko) Chrome/94.0.4606.81 Safari/537.36'}
```

(3) 设置搜索路径(豆瓣网地址)。

```
url = 'https://www.douban.com'
```

(4) 爬取网页源代码。

```
r = requests.get(url, headers = headers)
```

(5) 设置读取内容的编码方式。

豆瓣网首页的源码使用 UTF-8 编码,如图 7-13 所示,则设置读取的编码为 utf-8。

```
r.encoding = 'utf - 8'
```

图 7-13　豆瓣源码

(6) 如果爬取成功,则输出下载的内容,否则提示失败。

```
if(r.status_code == 200):
    #print(r.text)
    print(r.text[:1000])
else:
    print('下载不成功.')
```

注意:如果 requests.get()不加参数 headers,可能会遇到< Response［200］>返回值的问题。

7.4.2　爬取豆瓣电影信息

【任务描述】

爬取豆瓣电影网站(如图 7-14 所示),提取电影 ID、电影名称、豆瓣评分等信息。

图 7-14 豆瓣电影

【任务分析】

首先通过 Chrome 浏览器的 DevTools 开发者工具分析数据来源。在 DevTools 开发者工具 Search 查询文本框中，输入页面上任意一个电影名称（如"X 特遣队"），如图 7-15 所示。

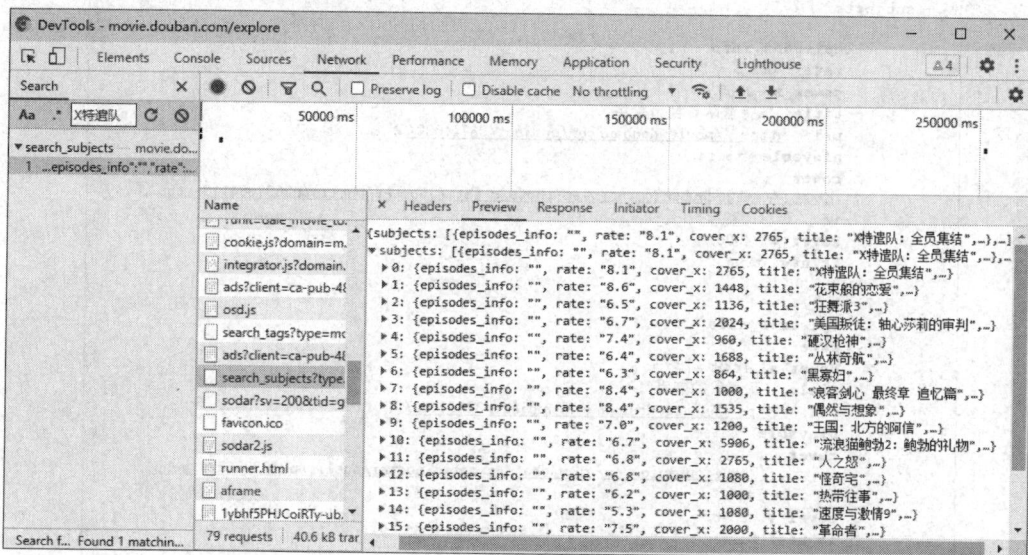

图 7-15 查询数据来源

然后通过上述方式快速锁定数据所在位置。经过分析，可知数据是动态的，保存在 JSON 文件（search_subjects.json）中，如图 7-16 所示。

最后通过 json.loads()方法，把 JSON 格式的字符串解码转换成 Python 对象。最外层是字典,键为 subjects,其对应的值是列表。而列表的每一个元素也是字典类型的数据。经数据分析,可知需要提取的数据位于子字典键为 title、rate、id 的元素中,如图 7-17 所示。

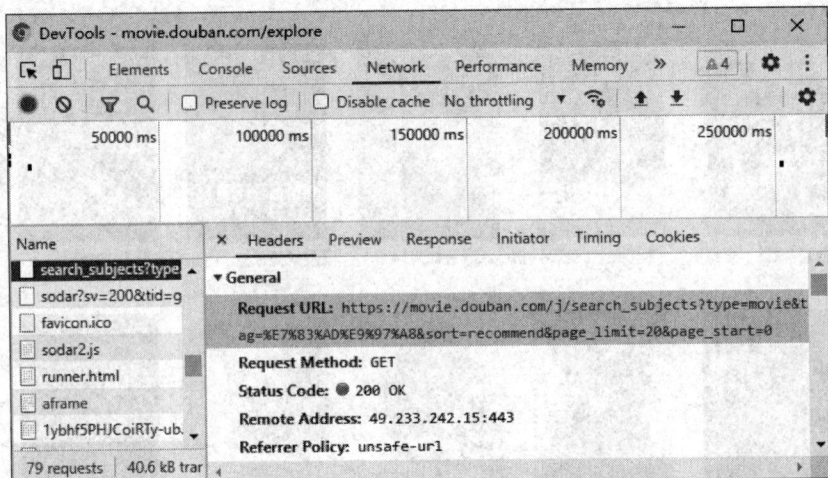

图 7-16　查询结果

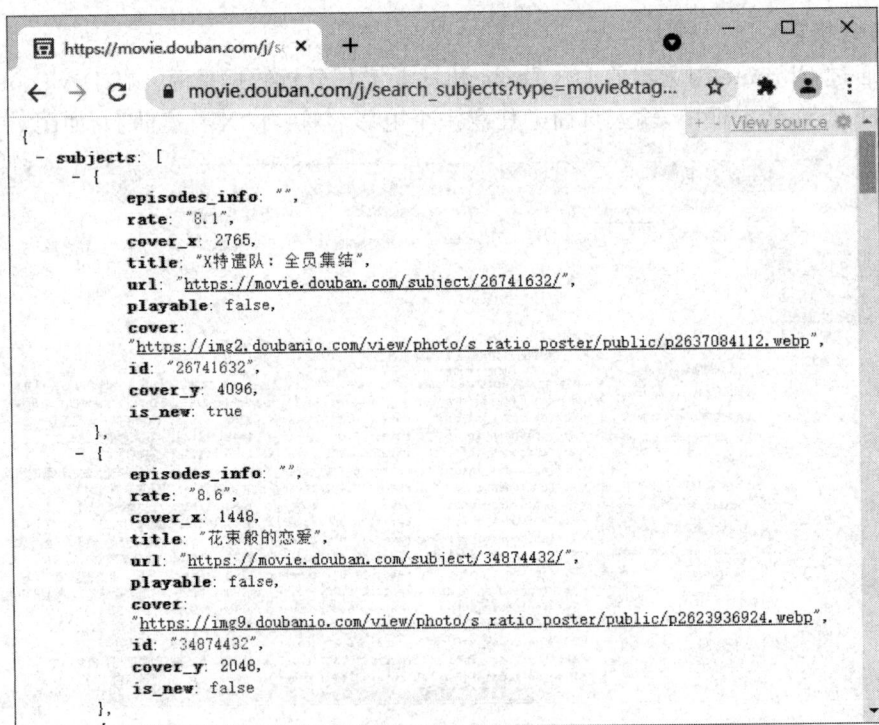

图 7-17　JSON 数据

【任务实现】

```
# 导入库
import requests
```

```
import json
#数据采集
headers = {'User - Agent':'Mozilla/5.0 (Windows NT 10.0; Win64; x64) AppleWebKit/537.36 (KHTML,\
like Gecko) Chrome/90.0.4430.212 Safari/537.36'}
url = 'https://movie.douban.com/j/search_subjects?'
params = {
    'type': 'movie',
    'tag': '热门',
    'sort': 'recommend',
    'page_limit': 20,
    'page_start': 0
    }
r = requests.get(url, headers = headers, params = params).text
#print(r)
#提取数据
infos = json.loads(r)                #把 JSON 格式的字符串解码转换成 Python 对象
infos = infos['subjects']            #提取最外层字典唯一元素的值
for info in infos:                   #遍历列表,但列表每个元素值是字典
    title = info['title']
    score = info['rate']
    id = info['id']
    print(title, score, id)
```

7.4.3　爬取豆瓣图书信息

【任务描述】

爬取豆瓣图书的信息。

【任务分析】

本案例用到爬虫的 3 个过程:请求并爬取数据、网页解析、数据存储。其中,下载用到 requests 库,解析数据选用 BeautifulSoup 库,保存 DataFrame 数据用到 Pandas 库。

【任务实现】

(1) 数据采集。

```
import requests
headers = {'user - agent':'Mozilla/5.0 (Windows NT 10.0; Win64; x64) AppleWebKit/537.36 (KHTML,
like Gecko) Chrome/94.0.4606.81 Safari/537.36'}
url = 'https://book.douban.com/latest/'
r = requests.get(url, headers = headers)
r.encoding = 'utf - 8'
#打印测试输出前 500 个字符
#print(r.text[:500])
```

(2) 解析数据。首先在 Chrome 浏览器中分析数据来源。选择右键快捷菜单中的"检查"命令,然后单击"检查"窗口右上角的小箭头标志,任选网页上的元素,右侧窗口自动跳转到对应的代码,如图 7-18 所示。经过代码分析,可知图书信息保存在< ul class = "chart-dashed-list">标签内,其中封面图片 URL、详细页 URL、图书名称、评价星级可通过< ul >的< li >标签获取,但作者、内容简介则需通过对应的详细页才能获取到有用的信息。

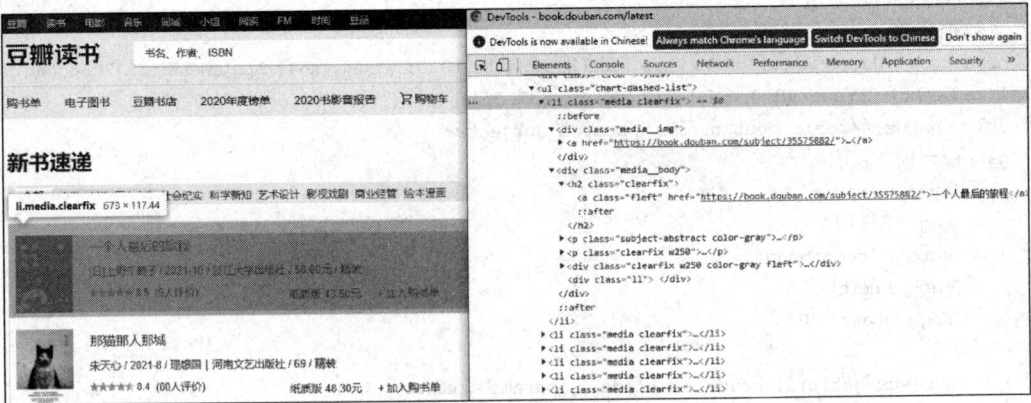

图 7-18　豆瓣新书速递

单击打开图书的详细页，如图 7-19 所示。分析可得，图书详细信息保存在< div id＝
"content">标签内。其中，作者信息保存在< div id＝"content">的< div id＝"info">的第一
个< a >标签内，图书的内容简介则在< div id＝"content">的< div class＝"intro">标签内。

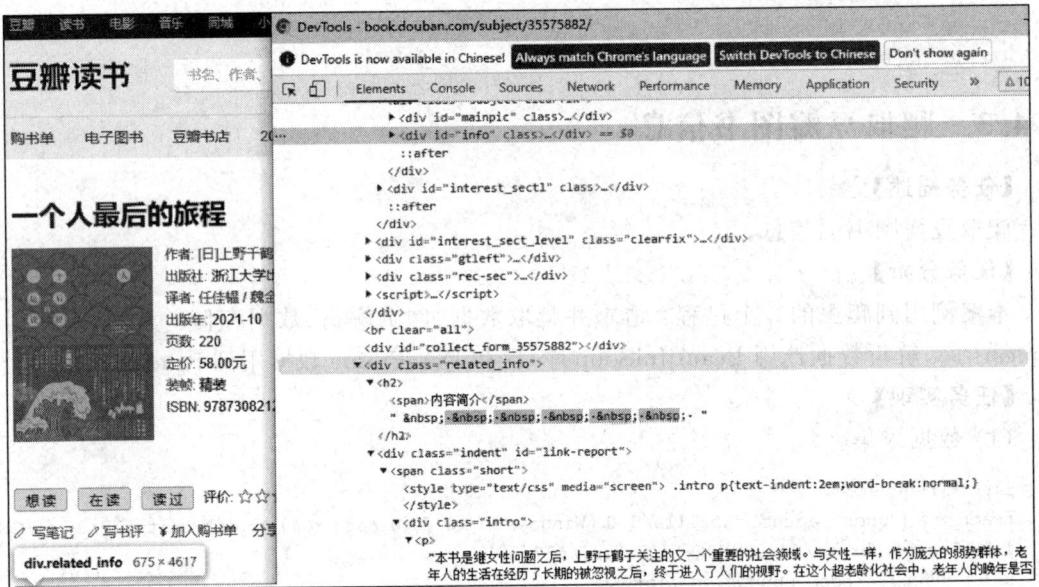

图 7-19　图书详细页

然后进行初始化，定义空列表，存放与图书相关的信息。

```
img_urls = []          # 封面 URL
titles = []            # 图书名称
ratings = []           # 评价等级
authors = []           # 作者
details = []           # 内容简介
```

接下来，继续在上面代码的基础上，添加代码完成数据的提取。

```
from bs4 import BeautifulSoup
# 解析主页面
```

```
sp = BeautifulSoup(r.text,'lxml')
#图书列表
books = sp.find('ul',{'class':'chart - dashed - list'}).find_all('li')
#通过遍历对每本图书的信息进行提取操作
for book in books:
        #封面 URL
        img_url = book.find_all('a')[0].find('img').get('src')
        img_urls.append(img_url)
        #图书名称
        title = book.find_all('a')[1].get_text()
        titles.append(title)
        #评价星级
        rating = book.find('span',{'class':'font - small color - red fleft'}).get_text()
        ratings.append(rating)
        #图书详细页的地址
        url_detail = book.find_all('a')[0].get('href')
        #下载详细页
        r_detail = requests.get(url_detail, headers = headers)
        r_detail.encoding = 'utf - 8'
        #解析详细页
        soup = BeautifulSoup(r_detail.text,'lxml')
        #图书信息
        book_info = soup.find('div',{ 'id': 'content'})
        #作者
        author = book_info.find('div',{'id':'info'}).find('a').get_text()
        authors.append(author)
        #内容简介
        detail = book_info.find('div',{'class': 'intro'}).get_text().replace('\n', '').replace(' ','')
        details.append(detail)
```

　　说明：find()方法用于查找符合条件的第一条记录。find_all()方法用于查找所有符合条件的记录，返回值是列表，即记录的集合，所以代码中通过 for 语句遍历访问每一条记录。由于内容简介中会包含换行符(\n)和空格，不易阅读，因此代码中使用 replace()进行替换处理。

　　(3) 输出数据。利用 zip()函数，将 5 个列表中的数据一一对应输出。

```
for img_url, title, rating, author, detail in list(zip(img_urls, titles, ratings, authors,
\details)):
        info = "封面:{0}\n 书名:{1}\n 评分:{2}\n 作者:{3}\n 内容简介:{4}\n\n"
        print(info.format(img_url, title, rating, author, detail))
```

　　(4) 数据存储(CSV 格式)。要将数据存为 CSV 格式，需先安装 Pandas 库，可使用 pip 命令安装：pip install pandas。或者在 PyCharm 自带的包管理工具中进行安装。

```
#使用前要导入 Pandas 库,一般将其简写为 pd
import pandas as pd

#创建空 DataFrame 数据框,用于数据的存储。DataFrame 的使用类似于字典
result = pd.DataFrame()
#将数据填入对应的数据框中
result['img_urls'] = img_urls
result['titles'] = titles
```

```
result['ratings'] = ratings
result['authors'] = authors
result['details'] = details
#调用 to_csv()方法,把数据直接转换为 CSV 格式
result.to_csv('douban_books.csv', index = None)
```

说明：*.csv 文件用 Excel 打开会出现乱码。处理方式是,先用记事本打开,另存为 ANSI 格式文件。

（5）代码优化。为了提高代码的可读性,可以将上述过程抽象成不同的函数,最后通过 main() 函数进行调用,获取的数据分别另存为 douban_books.txt、douban_books.csv 文件。在代码中设置访问详细页的间隔时间时,要用到 time 库。

```
import requests
from bs4 import BeautifulSoup
import pandas as pd
import time


#下载数据
def get_html(url):
    headers = {'user - agent':'Mozilla/5.0 (Windows NT 10.0; Win64; x64\
            AppleWebKit/537.36 (KHTML, like Gecko) Chrome/94.0.4606.71 Safari/537.36'}
    r = requests.get(url, headers = headers)
    r.encoding = 'utf - 8'
    return r


#解析数据(详细页 URL、图书封面 URL、图书名称、评价等级)
def parse_data(data):
    detail_urls = []
    img_urls = []
    titles = []
    ratings = []

    sp = BeautifulSoup(data.text, 'lxml')
    books = sp.find('ul', {'class': 'chart - dashed - list'}).find_all('li')

    for book in books:
        #详细页 URL
        detail_url = book.find_all('a')[0].get('href')
        detail_urls.append(detail_url)
        #封面 URL
        img_url = book.find_all('a')[0].find('img').get('src')
        img_urls.append(img_url)
        #图书名称
        title = book.find_all('a')[1].get_text()
        titles.append(title)
        #评价等级
        rating = book.find('span', {'class': 'font - small color - red fleft'}).get_text()
        ratings.append(rating)
    return detail_urls, img_urls, titles, ratings

#解析详细页(作者、内容简介)
def parse_data_detail(data):
    soup = BeautifulSoup(data.text, 'lxml')
```

```
    # 图书信息
    book_info = soup.find('div', {'id': 'content'})
    # 作者信息
    author = book_info.find('div', {'id':'info'}).find('a').get_text()
    # 内容简介
    detail = book_info.find('div',{'class': 'intro'}).get_text().replace('\n', '').replace('',''')
    return author, detail

# 保存数据
def save_data_txt(img_urls,titles,ratings,authors,details):
    with open('douban_books.txt', 'w', encoding = 'utf-8') as f:
        for img_url,title,rating,author,detail in list(zip(img_urls, titles,
                ratings,\authors, details)):
            info = "封面:{0}\n 书名:{1}\n 评分:{2}\n 作者:{3}\n 简介:{4}\n\n"
            f.write(info.format(img_url, title, rating, author, detail))

def save_data_csv(img_urls,titles,ratings,authors,details):
    result = pd.DataFrame()
    result['img_urls'] = img_urls
    result['titles'] = titles
    result['ratings'] = ratings
    result['authors'] = authors
    result['details'] = details
    result.to_csv('douban_books.csv', index = None)

# 主程序
def main():
    url = 'https://book.douban.com/latest/'
    # 获取主页面内容
    data = get_html(url)
    detail_urls, img_urls, titles, ratings = parse_data(data)
    # 获取详细页内容
    authors = []
    details = []
    for detail_url in detail_urls:
        time.sleep(5)
        data_detail = get_html(detail_url)
        author, detail = parse_data_detail(data_detail)
        authors.append(author)
        details.append(detail)
    # 保存数据
    save_data_txt(img_urls, titles, ratings, authors, details)
    save_data_csv(img_urls, titles, ratings, authors, details)

if __name__ == "__main__":
    main()
```

说明：time.sleep(5)表示推迟 5 秒执行，属于反爬措施。

7.4.4　爬取 68design 图片

【任务描述】

从网页设计师联盟网站(https://sc.68design.net/)下载免费图片素材，并保存到本地

141

的 images 文件夹中。

【任务分析】

下载图片要用到 requests 库；由于反爬虫机制设置了访问间隔时间，因此还要用到 time 库；解析数据要选用 lxml 库，并运用 XPath 语法查找符合条件的记录；保存文件要用到 os 库。

【任务实现】

（1）导入 requests 库、lxml 库、time 库、os 库。

```python
import requests
from lxml import etree
import time
import os
```

（2）获取网页设计师联盟免费素材的 URL 地址。

```python
url = 'https://sc.68design.net/'
```

（3）发起 requests 请求，获取服务器内容；设置 UA 伪装并解析编码。

```python
headers = {'user - agent':'Mozilla/5.0 (Windows NT 10.0; Win64; x64) AppleWebKit/537.36
(KHTML, like Gecko) Chrome/94.0.4606.81 Safari/537.36'}
r = requests.get(url, headers = headers)
r.encoding = 'gb2312'
```

说明：由于源代码为< meta http-equiv＝"Content-Type" content＝"text/html；charset＝gb2312">，因此要设置解析网页的编码为"gb2312"。

（4）使用 XPath 提取图片对应的元素节点。

```python
data = etree.HTML(r.text)
contents = []
works = data.xpath('.//div[@class = "work2"]')
# print(works)
```

（5）提取图片的名称、图片分类、URL 地址，以字典形式保存到列表中。

```python
for work in works:
    item = {}
    item['name'] = work.xpath('./ul/li[@class = "name"]/a/text()')[0]
    item['hit'] = work.xpath('./ul/li[@class = "hit"]/text()')[0]
    item['img_href'] = work.xpath('./a[1]/img/@src')[0]
    if item['name']:
        contents.append(item)
# print(contents)
```

（6）创建指定的文件夹。

```python
path_img = './images'
if not os.path.exists(path_img):
    os.mkdir(path_img)
```

（7）下载并保存图片。

```python
for content in contents:
    # 图片中文说明
    img_name = content['name']
    # 图片完整路径.代码中获取的是相对路径,下载前需拼接成绝对路径
```

```
    full_path = url + content['img_href']
    # 图片文件(格式:文件名.扩展名)
    file_name = full_path.split('/')[-1]
```

```
# 以二进制形式保存图片文件
with open(path_img + '/{}'.format(file_name), 'wb') as f:
    #许多网站的反爬虫机制都设置了访问间隔时间,故设防反爬虫措施
    time.sleep(0.3)
    #请求图片数据
    response = requests.get(full_path, headers = headers)
    #提取响应对象中二进制图片信息
    content = response.content
    #写入文件
    f.write(content)
print("{}图片……下载成功".format(img_name))
```

为了提高代码的可读性,可以将上述过程抽象成三个函数,最后通过 main()函数调用。

```
#导入库
import requests
from lxml import etree
import time
import os


#发起请求
def get_html(url):
    headers = {'user-agent':'Mozilla/5.0 (Windows NT 10.0; Win64; x64) AppleWebKit/ 537.36\
            (KHTML, like Gecko) Chrome/91.0.4472.124 Safari/537.36 Edg/91.0.864.67'}
    r = requests.get(url, headers = headers)
    r.encoding = 'gb2312'
    return r


#提取数据列表
def get_content(html):
    data = etree.HTML(html.text)
    contents = []
    works = data.xpath('.//div[@class = "work2"]')
    #print(works)

    #提取图片的 URL 地址、图片名称、图片分类
    for work in works:
        item = {}
        item['name'] = work.xpath('./ul/li[@class = "name"]/a/text()')[0]
        item['hit'] = work.xpath('./ul/li[@class = "hit"]/text()')[0]
        item['img_href'] = work.xpath('./a[1]/img/@src')[0]
        if item['name']:
            contents.append(item)
    return contents


#下载并保存图片
def download_img(url,contents):
    path_img = './images'
    if not os.path.exists(path_img):
        os.mkdir(path_img)
```

```
    for content in contents:
        img_name = content['name']
        # print(img_name)
        full_path = url + content['img_href']
        # print(full_path)
        file_name = full_path.split('/')[-1]        #图片全称
        # print(file_name)

        with open(path_img + '/{}'.format(file_name), 'wb') as f:
            time.sleep(0.3)
            response = requests.get(full_path)
            content = response.content
            f.write(content)
        print("{}图片……下载成功".format(img_name))


# 主程序
def main():
    url = 'https://sc.68design.net/'
    html = get_html(url)
    contents = get_content(html)
    download_img(url, contents)


# 运行主程序,开始爬取
if __name__ == '__main__':
    main()
```

7.4.5 爬取百度首页栏目

【任务描述】

运用 XPath 语法知识,爬取百度首页的新闻栏目名称和 URL 地址。

【任务分析】

要获取 XPath 路径,可借助 Chrome 浏览器的开发者工具 DevTools,通过复制快速获取。

首先,单击 DevTools 窗口的右上角选择箭头,进入选择状态,单击百度首页中的"新闻"按钮。这时,DevTools 窗口就会定位到"新闻"链接的代码位置。

然后,在对应的代码(< a href="http://news.baidu.com" target="_blank" class="mnav c-font-normal c-color-t">新闻</a >)上右击,然后选择菜单命令 Copy→Copy XPath,直接复制出这一行的 XPath 路径: // * [@id="s-top-left"]/a[1],如图 7-20 所示。

注意:直接复制出的 XPath 路径的可读性不一定很好。至于 XPath 路径是手写还是复制,要根据情况而定。

【任务实现】

```
# 导入库
import requests
from lxml import etree

# 获取百度首页源代码
headers = {'user-agent':'Mozilla/5.0 (Windows NT 10.0; Win64; x64) AppleWebKit/537.36 (KHTML,
like Gecko) Chrome/94.0.4606.81 Safari/537.36'}
r = requests.get('https://www.baidu.com', headers = headers)
r.encoding = 'utf-8'
```

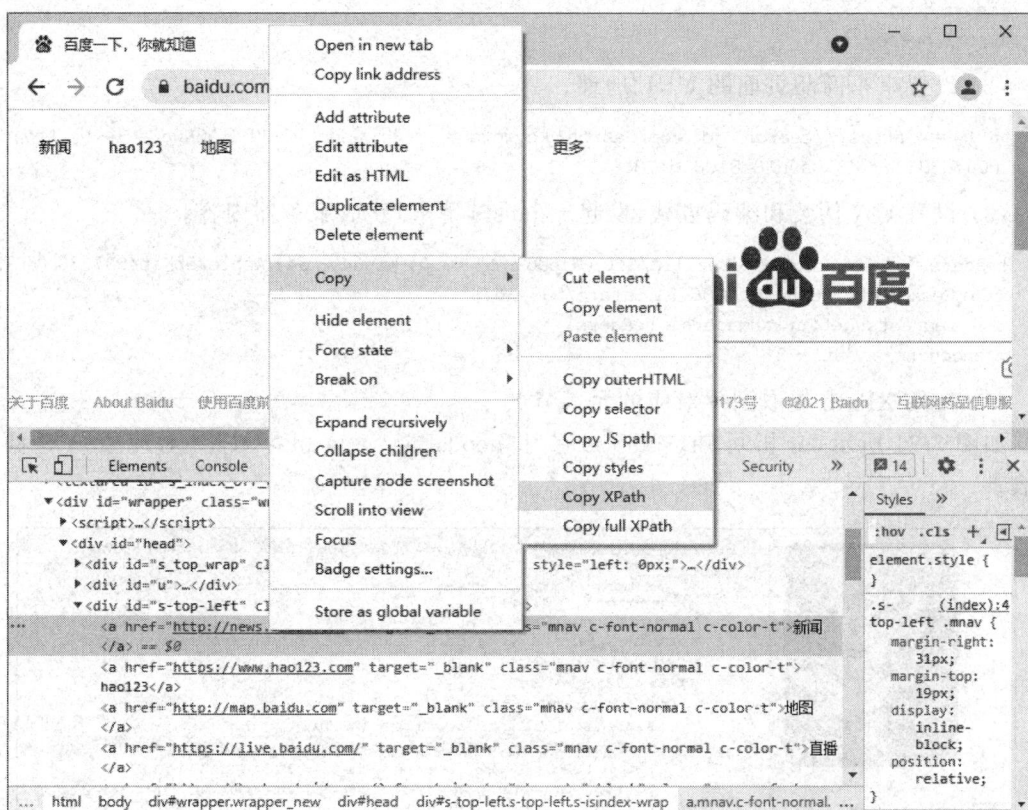

图 7-20　百度首页及源代码

```
# 运用 XPath 语法提取目标信息
s = etree.HTML(r.text)
news_text = s.xpath('//*[@id = "s - top - left"]/a[1]/text()')[0]
print(news_text)
news_url = s.xpath('//*[@id = "s - top - left"]/a[1]/@href')[0]
print(news_url)
```

7.4.6　爬取京东商品信息

【任务描述】

以手机 App 为例，爬取京东商品页面信息（商品名称、售价、评价），并把爬取的数据保存到 Excel 文件中。提示：这里商品评论数不能直接在网页上获取，需要根据商品 ID 获取。

【任务分析】

下载时要用到 requests 库；解析数据要用到 lxml 库；读取 JSON 数据要用到 json 库，处理 Excel 文件要用到 openpyxl 库。使用前都需提前安装好并导入。

【任务实现】

（1）导入库。

```
import requests
from lxml import etree
```

```
import json
import openpyxl
```

（2）设置京东商品页面的 URL 地址。

```
url = 'https://search. jd. com/Search? keyword = 手机 &enc = utf − 8&wq = 手机 &pvid =
d007d3933e374373a9d18c81c88d478c'
```

（3）设置 UA 伪装和编码方式，发起 requests 请求，获取服务器内容。

```
headers = {'user − agent':'Mozilla/5.0 (Windows NT 10.0; Win64; x64) AppleWebKit/537.36 (KHTML,
like Gecko) Chrome/94.0.4606.81 Safari/537.36'}
r = requests.get(url, headers = headers)
r.encoding = 'utf − 8'
```

（4）使用 XPath 提取图片对应的元素节点。

如图 7-21 所示，分析可知，< div id = "J_goodsList">|< ul >|< li >对应着所有商品列表。

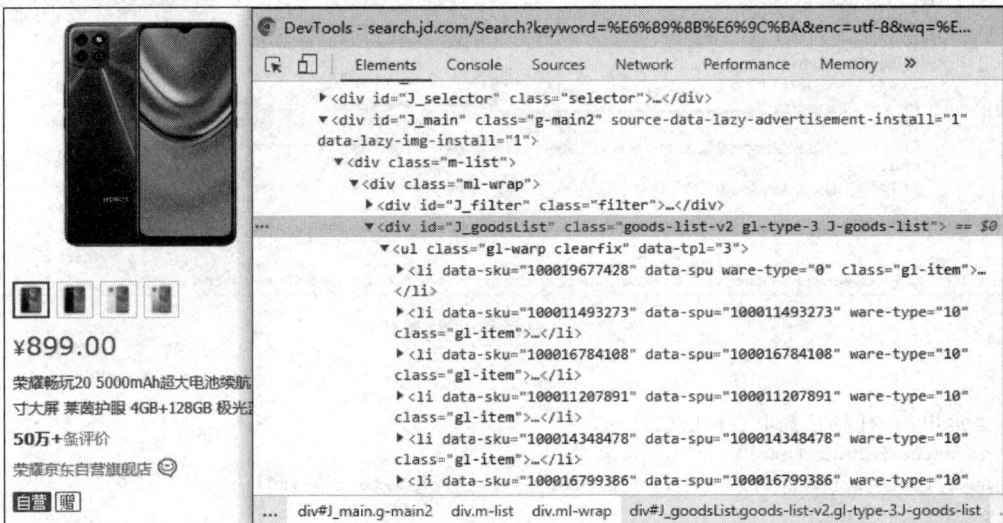

图 7-21　京东商品列表源代码

```
data = etree.HTML(r.text)
lis = data.xpath('// ∗ [@ id = "J_goodsList"]/ul/li')
```

（5）使用 XPath 提取商品信息对应的节点信息，并保存到 Excel 文件中

```
# 利用 openpyxl 创建 Excel 工作簿及工作表
outwb = openpyxl.Workbook()
outws = outwb.create_sheet(index = 0)
# 创建 Excel 工作表的第一行标题信息
outws.cell(row = 1, column = 1, value = "index")
outws.cell(row = 1, column = 2, value = "title")
outws.cell(row = 1, column = 3, value = "price")
outws.cell(row = 1, column = 4, value = "CommentCount")
# 存储 Excel 行号
count = 1
```

分析源代码可知，在每一个<li>标签（商品）中，< div class = "p-price">对应商品价格，

<div class＝"p-name p-name-type-2">对应商品标题,<div class＝"p-commit">对应商品ID(涉及后面获取的评论数),如图 7-22 所示。

图 7-22　提取商品信息

商品的价格属于<div class＝"p-price">|<strong>|<i>的文本节点内容,可通过xpath()方法返回的列表获得,由于符合条件的记录是唯一的,所以使用列表索引 0 获取列表元素值。

经分析,图 7-23 中<a id＝"J_comment_100019677428">中 100019677428 就是对应的商品 ID。

图 7-23　商品评价 ID 号(100019677428)

要获取商品评论数,可先查看 DevTools 开发者工具的 network 选项,用搜索方式可以快速找到商品评论位置,如图 7-24 所示。

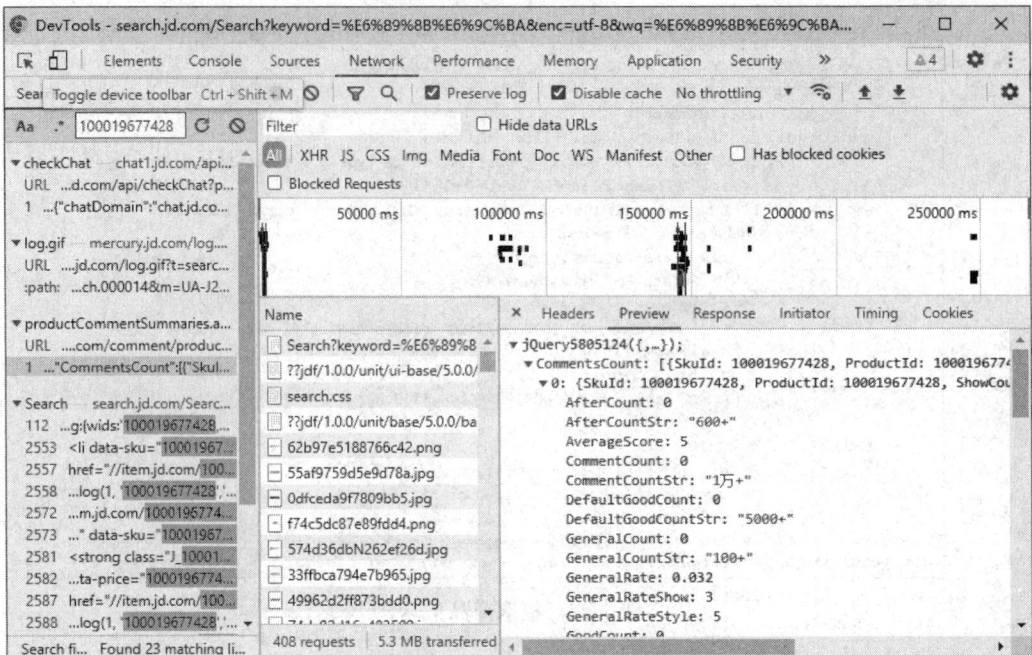

图 7-24　搜索商品评论所在位置

切换到 Headers 选项,获取商品评论的 URL,如图 7-25 所示。

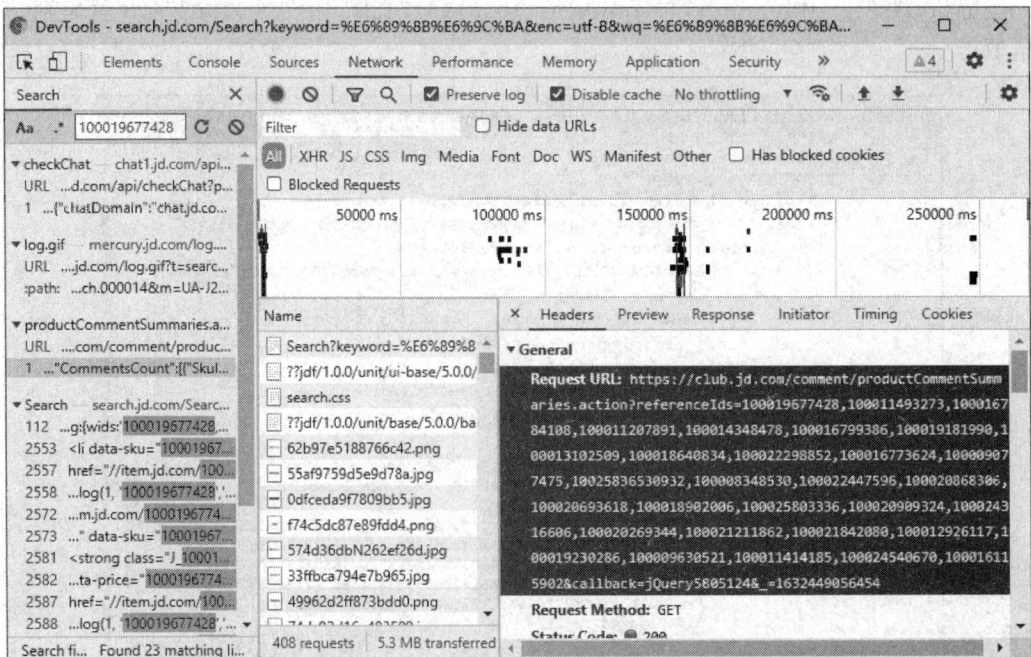

图 7-25　获取商品评论的 URL

将该 URL 链接复制到浏览器中进行查看,获取对应的商品评论数,如图 7-26 所示。

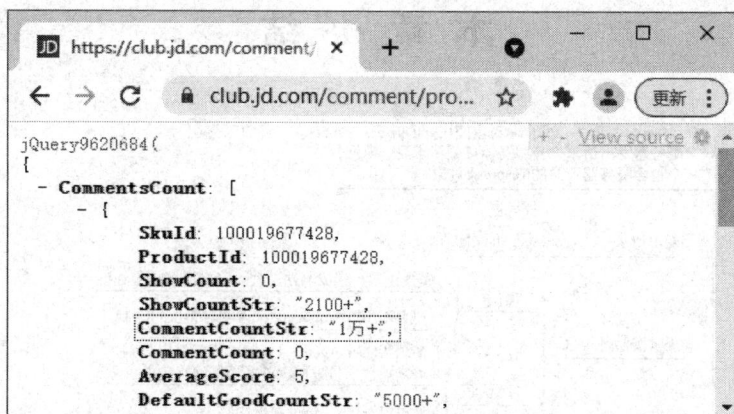

图 7-26　获取的商品评价数(浏览器扩展程序安装过 JSON_View)

```
#循环读取商品信息
for li in lis:
    title = li.xpath('.//div[@class = "p - name p - name - type - 2"]/a/em/text()')[0]
    price = li.xpath('.//div[@class = "p - price"]/strong/i/text()')[0]
    product_id = li.xpath('.//div[@class = "p - commit"]/strong/a/@ id')[0].replace
('J_comment_', '')

    #获取商品评论数
    url2 = 'https://club.jd.com/comment/productCommentSummaries.action?\
        referenceIds = ' + str(product_id) + '&callback = jQuery9620684&_ = 1626170025497'
    r2 = requests.get(url2, headers = headers)
    #删除不需要的信息"jQuery9620684();",生成字典形式的字符串(JSON 字符串)
    data2 = (r2.text).replace('jQuery9620684(','').replace(');','')
    #把 JSON 字符串转出为 Python 对象
    text = json.loads(data2)
    comment_count = text['CommentsCount'][0]['CommentCountStr']
    comment_count = comment_count.replace('+', '')
    #删除中文"万",将数值乘以 10000
    if '万' in comment_count:
        comment_count = comment_count.replace('万', '')
        comment_count = str(int(comment_count) * 10000)
    print('title = ' + str(title))
    print('price = ' + str(price))
    print('comment_count = ' + str(comment_count))

    #第一行是标题,第 2 行开始是数据,但第 2 行第 1 列的数据编号是(2 - 1) = 1
    count = count + 1
    outws.cell(row = count, column = 1, value = str(count - 1))
    outws.cell(row = count, column = 2, value = str(title))
    outws.cell(row = count, column = 3, value = str(price))
    outws.cell(row = count, column = 4, value = str(comment_count))

#保存为 Excel 文件
outwb.save('JD_goods.xlsx')
```

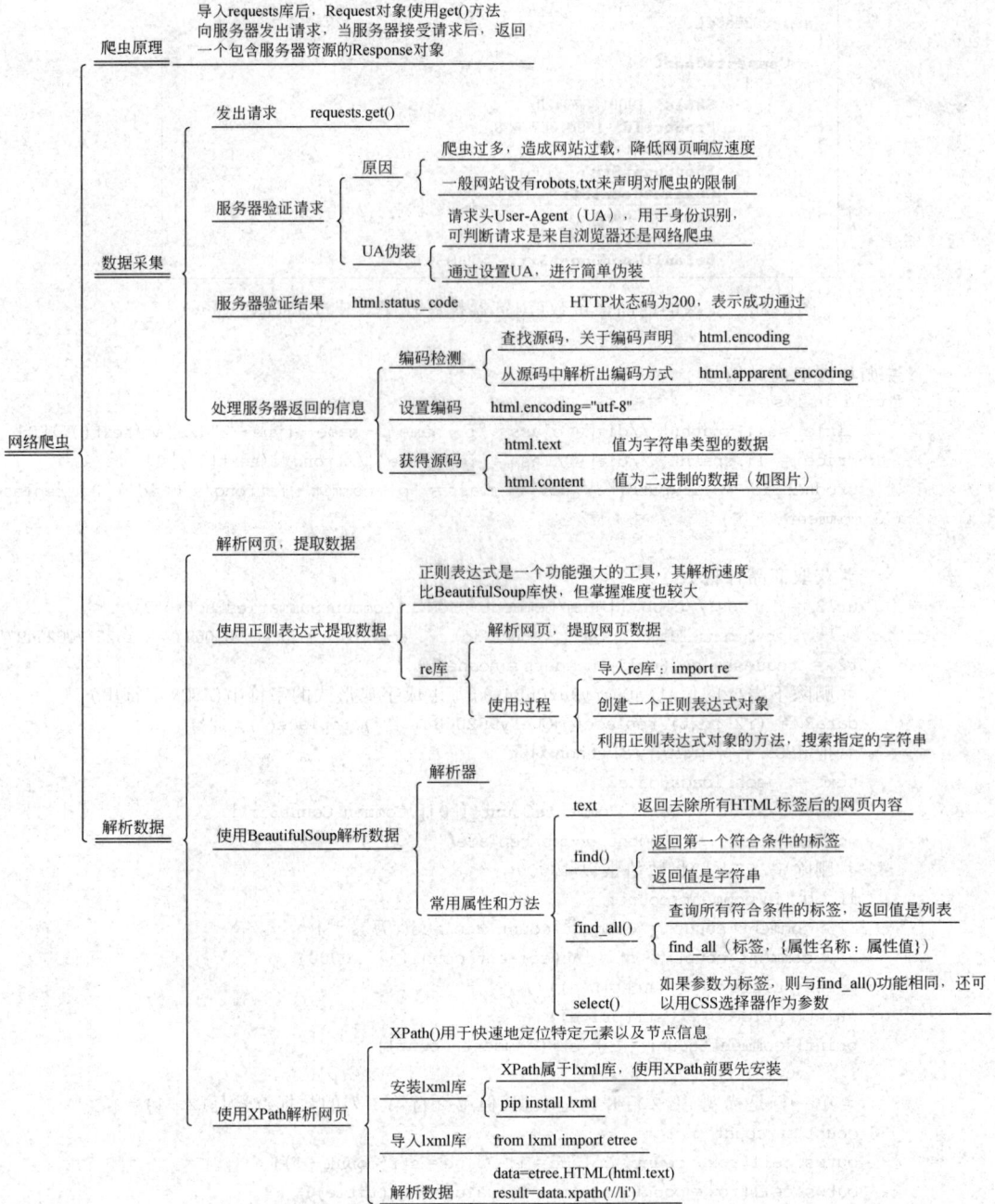

本 章 小 结

爬虫原理 —— 导入requests库后，Request对象使用get()方法向服务器发出请求，当服务器接受请求后，返回一个包含服务器资源的Response对象

网络爬虫
├─ 数据采集
│   ├─ 发出请求 —— requests.get()
│   ├─ 服务器验证请求
│   │   ├─ 原因
│   │   │   ├─ 爬虫过多，造成网站过载，降低网页响应速度
│   │   │   └─ 一般网站设有robots.txt来声明对爬虫的限制
│   │   └─ UA伪装
│   │   ├─ 请求头User-Agent（UA），用于身份识别，可判断请求是来自浏览器还是网络爬虫
│   │   └─ 通过设置UA，进行简单伪装
│   ├─ 服务器验证结果 —— html.status_code —— HTTP状态码为200，表示成功通过
│   └─ 处理服务器返回的信息
│   ├─ 编码检测
│   │   ├─ 查找源码，关于编码声明 —— html.encoding
│   │   └─ 从源码中解析出编码方式 —— html.apparent_encoding
│   ├─ 设置编码 —— html.encoding="utf-8"
│   └─ 获得源码
│   ├─ html.text —— 值为字符串类型的数据
│   └─ html.content —— 值为二进制的数据（如图片）
│
└─ 解析数据 —— 解析网页，提取数据
    ├─ 使用正则表达式提取数据
    │   ├─ 正则表达式是一个功能强大的工具，其解析速度比BeautifulSoup库快，但掌握难度也较大
    │   └─ re库
    │   ├─ 解析网页，提取网页数据
    │   └─ 使用过程
    │   ├─ 导入re库：import re
    │   ├─ 创建一个正则表达式对象
    │   └─ 利用正则表达式对象的方法，搜索指定的字符串
    ├─ 使用BeautifulSoup解析数据
    │   ├─ 解析器
    │   └─ 常用属性和方法
    │   ├─ text —— 返回去除所有HTML标签后的网页内容
    │   ├─ find()
    │   │   ├─ 返回第一个符合条件的标签
    │   │   └─ 返回值是字符串
    │   ├─ find_all()
    │   │   ├─ 查询所有符合条件的标签，返回值是列表
    │   │   └─ find_all（标签，{属性名称：属性值}）
    │   └─ select() —— 如果参数为标签，则与find_all()功能相同，还可以用CSS选择器作为参数
    └─ 使用XPath解析网页
        ├─ XPath()用于快速地定位特定元素以及节点信息
        ├─ 安装lxml库
        │   ├─ XPath属于lxml库，使用XPath前要先安装
        │   └─ pip install lxml
        ├─ 导入lxml库 —— from lxml import etree
        └─ 解析数据 —— data=etree.HTML(html.text) result=data.xpath('//li')

习　题　7

编程题

（1）利用正则表达式查找万水书苑（http://www.wsbookshow.com）中的所有邮件账号。

（2）运用 XPath 语法知识，爬取百度首页的视频栏目名称和 URL 地址。

第 8 章   Scrapy 框 架

本章主要介绍创建 Scrapy 项目,使用爬虫爬取网站数据的方法。

8.1   Scrapy 框架组成

Scrapy 框架是一个使用 Python 语言编写的开源的网络爬虫框架,它功能强大,跨平台,而且可配置和可扩展程度非常高。Scrapy 框架可理解为工厂生产线,用户只须遵循它的规范,在指定位置填写一些代码,即可高效地完成数据爬取任务。

1. Scrapy 组成

Scrapy 中的数据流由执行引擎(Engine)控制,如图 8-1 所示。

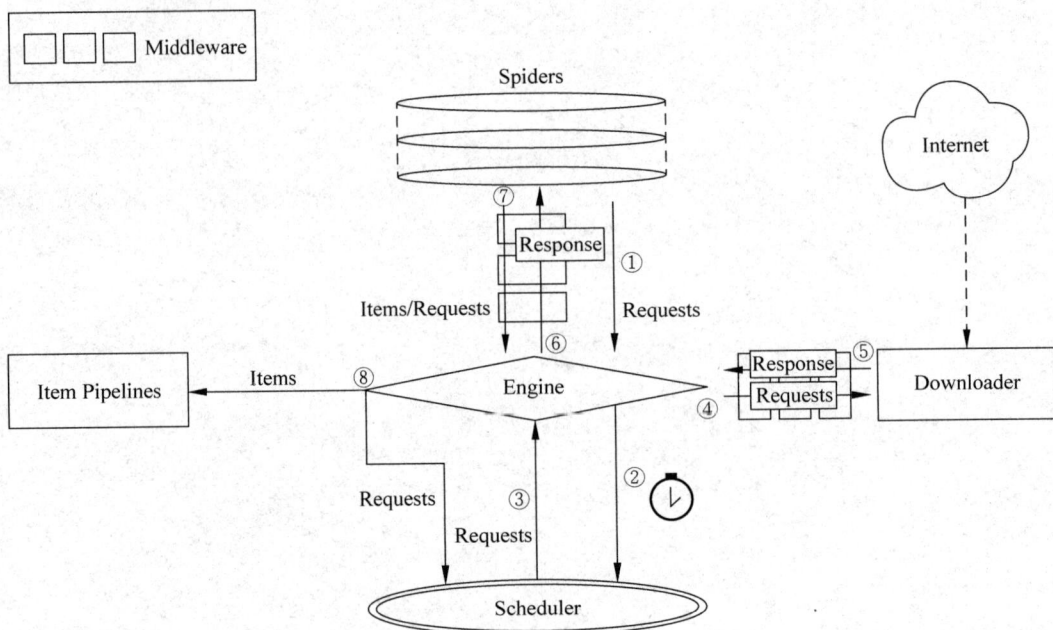

图 8-1   Scrapy 架构(转自官网文档)

Scrapy 框架的组件如表 8-1 所示。

表 8-1   Scrapy 框架的组件

组 件	说 明	类 型
Engine(引擎)	总指挥,负责在不同模块间传递数据和信号,控制其他组件协同工作	内部组件

续表

组 件	说 明	类 型
Scheduler(调度器)	负责调度下载请求,将 URL 保存到队列中,在引擎再次请求时提交给引擎	内部组件
DownLoader(下载器)	下载网页响应的内容,并将内容提交给引擎	内部组件
Spider(爬虫文件)	处理引擎传送的网页内容,提取数据和产生下载新页面的请求,并返回给引擎	用户实现(需要自己编写)
Itempipeline(管道文件)	负责处理引擎传送的数据,主要任务是清洗、验证和存储数据	可选组件(需要手写)
Middleware(中间件)	负责对请求和响应进行处理	可选组件

说明:在 Scrapy 框架中,需要用户编写代码的地方不多,一般只须修改 Spider(爬虫文件)和 Item Pipeline(管道文件),但 Item Pipeline 是可选的,数据需要处理时才使用。其余组件的功能已由 Scrapy 框架实现,用户基本上不需要再编写代码。

2. Scrapy 工作原理

Scrapy 框架代码编写完成后,可以通过简单易懂的数据流对话方式来理解其工作原理。

(1) 爬虫:引擎,这是第一个需要爬取的 URL 地址,https://www.xxx.com。

(2) 引擎:没问题。调度器,我这有 Request 请求,请帮我排序入队。

(3) 调度器:好的,引擎,现在轮到这个 Request 处理了。

(4) 引擎:下载器,请按照下载中间件的设置,帮我下载这个 Request 请求。

(5) 下载器:引擎,下载好了,给你 Response 结果(如果这个 Request 下载失败,引擎会告诉调度器,这个 Request 下载失败了,你记录一下,我们待会儿再下载)。

(6) 引擎:爬虫,这是下载好的 Response。下载器已经按照下载中间件处理过了,你自己再处理一下吧。

(7) 爬虫:好的,引擎。我的数据处理完毕,这里有两个结果,这个是我需要跟进的 URL,另外一个是我获取到的 Item 数据。

(8) 引擎:管道,我这儿有个 Item 数据,你帮我处理一下吧!

循环执行,直到获取完需要的全部信息。

8.2 安装 Scrapy 框架

在使用之前,可以在命令行窗口中使用以下命令进行 Scrapy 的安装,如图 8-2 所示。

```
pip install scrapy
```

为了确定 Scrapy 已安装成功,可在 Python 中测试能否导入 Scrapy 模块。

```
import scrapy
scrapy.version_info
```

操作界面如图 8-3 所示,说明 Scrapy 安装成功了。

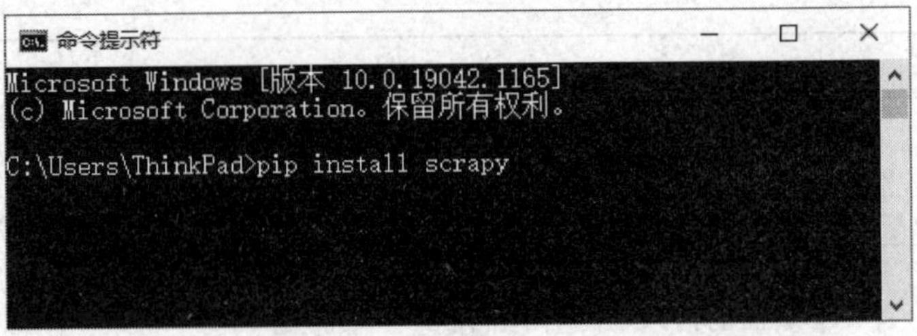

图 8-2 安装 Scrapy 框架

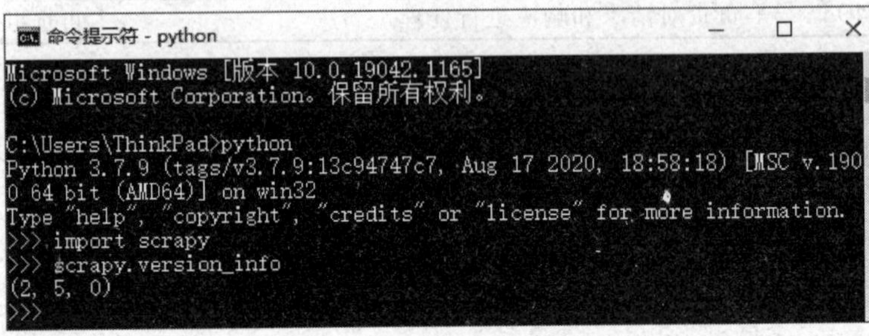

图 8-3 测试 Scrapy 模块

8.3 编写 Scrapy 爬虫

Scrapy 框架流程基本分以下几个步骤,用户按步骤去实现即可。

(1) 创建项目(Project):新建一个爬虫框架。

(2) 明确目标(Items):明确爬取目标,设计 Item 数据结构。

(3) 编写爬虫(Spider):编写爬虫,开始爬取网页。

(4) 存储数据(Pipeline):设计管道,存储爬取的数据。

(5) 修改设置(Settings):初始化项目的配置文件。

8.3.1 创建 Scrapy

可使用下面的命令快速创建 Scrapy 项目。

```
scrapy startproject Example
cd Example
scrapy genspider example example.com
```

例如,要创建豆瓣电影 Scrapy 项目,可在 PyCharm 的 Terminal 窗口中,在要保存项目的文件夹下,输入下面的命令。

```
scrapy startproject Douban
```

操作界面如图 8-4 所示。

在 PyCharm 的 Project 窗口中,自动生成如图 8-5 所示的文件目录。

接下来,根据代码提示,继续在 Terminal 窗口输入以下命令。

```
Terminal:  Local  ×  +

Microsoft Windows [版本 10.0.19042.1165]
(c) Microsoft Corporation。保留所有权利。

(venv) D:\demo>scrapy startproject Douban
New Scrapy project 'Douban', using template directory 'c:\python37\lib\site-packages\scrapy\templates\project', created in:
    D:\demo\Douban

You can start your first spider with:
    cd Douban
    scrapy genspider example example.com

(venv) D:\demo>
```

图 8-4　创建豆瓣电影 Scrapy

cd Douban
scrapy genspider douban movie.douban.com

生成爬虫时只需要域名参数,即豆瓣电影官网(https://movie.douban.com/)中的 movie.douban.com。执行命令后,系统在 spiders 文件夹下自动生成爬虫文件(douban.py), 如图 8-6 所示。

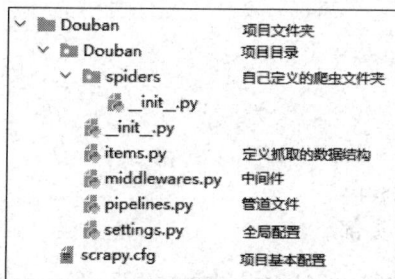

图 8-5　豆瓣电影 Scrapy 目录

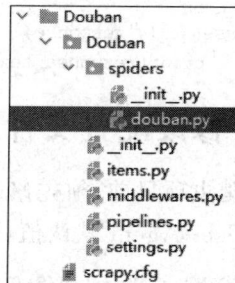

图 8-6　爬虫文件(douban.py)

8.3.2　编写爬虫代码

默认的初始的爬虫文件(douban.py)的代码如图 8-7 所示。

```
douban.py ×
1   import scrapy
2
3
4   class DoubanSpider(scrapy.Spider):
5       name = 'douban'
6       allowed_domains = ['movie.douban.com']
7       start_urls = ['http://movie.douban.com/']
8
9       def parse(self, response):
10          pass
```

图 8-7　douban.py 默认代码

(1) classDoubanSpider(scrapy.Spider)中类的属性。类的格式是 class ×××Spider (scrapy.Spider)。这里显示的 DoubanSpider 中的"Douban",是用户创建豆瓣电影 Scrapy

时命名的项目名称。类中拥有 3 个常用的属性和 1 个重要方法。

① Name：字符串，用于设置爬虫的名称。一般为每个独立网站创建一个爬虫。

② allowed_domains：字符串列表，规定允许爬取网站域名，非域名下的网页被自动过滤。

③ strart_urls：必须定义的包含初始请求页面 URL 的列表。start_requests()方法会引用该属性，发出初始的 Request 请求。

④ parse(self,response)：引擎默认的响应处理函数。如果没有在 Request 请求中指定响应的处理函数，那么引擎会自动调用这个默认的函数。

（2）parse(self,response)中的 response 对象。response 对象就是下载器返回的对象，它的常用属性与方法如下。

① body：HTTP 响应正文，bytes 类型。

② text：HTTP 响应正文，str 类型。

③ xpath(query)：通过 XPath 表达式从下载页面中提取数据，返回值为列表。

（3）编写测试代码。删除 pass 语句，添加 print(response. text)，用于测试是否下载成功。

```python
def parse(self, response):
        print(response.text)
```

8.3.3　修改配置文件

运行爬虫项目前，须先修改配置文件 settings. py。

（1）User-Agent 默认值，可以设置自定义的头部。

```python
USER_AGENT = 'Mozilla/5.0 (Windows NT 10.0; Win64; x64) AppleWebKit/537.36\
            (KHTML, like Gecko) Chrome/94.0.4606.81 Safari/537.36'
```

（2）请求头，此处也可以添加 User-Agent。

```python
DEFAULT_REQUEST_HEADERS = {
        'user-agent':'Mozilla/5.0 (Windows NT 10.0; Win64; x64) AppleWebKit/537.36\
        (KHTML, like Gecko) Chrome/94.0.4606.81 Safari/537.36'
}
```

其中第 1 项、第 2 项任选一个设置即可。

（3）是否遵循 Robots 协议，通常改为 False。

```python
ROBOTSTXT_OBEY = False
```

（4）对单个网站最大并发量，默认为 16。设置为 1，表示单线程下载。

```python
CONCURRENT_REQUESTS = 1
```

（5）下载延迟时间，为了反爬。

```python
DOWNLOAD_DELAY = 2
```

（6）管道文件，用于启动。300 为优先级，优先级范围为 1~1000，数字越小，优先级越高。

```python
ITEM_PIPELINES = {
    'Douban.pipelines.DoubanPipeline': 300,
}
```

（7）是否启用 Cookies。Fasle 表示禁用。

```
COOKIES_ENABLED = False
```

8.3.4　运行爬虫项目

运行爬虫项目有两种常用的方式。

1. 输入命令运行爬虫

在 PyCharm 的 Terminal 窗口输入命令，但这种方式的使用不太方便。

```
scrapy crawl douban          # 运行爬虫 douban.py
```

2. 编写爬虫运行文件

可以创建运行文件，如 run.py，保存在 douban 文件夹下，代码如下。

```
from scrapy import cmdline
cmdline.execute('scrapy crawl douban'.split())
```

运行 run.py，返回结果如图 8-8 所示，表示爬虫已经成功运行。

```
Run:    run (1)
    2021-09-08 10:51:47 [scrapy.extensions.logstats] INFO: Crawled 0 pages (at 0 pages/min), scraped 0 items (at 0 items/min
    2021-09-08 10:51:47 [scrapy.extensions.telnet] INFO: Telnet console listening on 127.0.0.1:6023
    2021-09-08 10:51:47 [scrapy.core.engine] DEBUG: Crawled (200) <GET https://movie.douban.com/> (referer: None)
    <!DOCTYPE html>
    <html lang="zh-CN" class="ua-windows ua-webkit">
    <head>
        <meta http-equiv="Content-Type" content="text/html; charset=utf-8">
        <meta name="renderer" content="webkit">
        <meta name="referrer" content="always">
        <meta name="google-site-verification" content="ok0wCgT20tBBgo9_zat2iAcimtN4Ftf5ccsh092Xeyw" />
```

图 8-8　爬取信息

8.4　拓　展　练　习

8.4.1　豆瓣电影数据爬取

本练习使用 Scrapy 框架来完成一个简单的爬虫项目。

1. 项目需求

搭建 Scrapy 框架，爬取豆瓣电影网站（https://movie.douban.com）信息。豆瓣电影一页显示 20 条记录，若单击"加载更多"按钮，可再加载 20 条新记录，如图 8-9 所示。本例先爬取第一页电影的名称、评分和介绍这三个字段，将提取的数据保存到 CSV 文件中。

2. 创建项目

项目在前面已经创建过，本例就在原来的基础上实现豆瓣电影数据的爬取。

3. 分析页面

编写爬虫程序前，要对爬取的页面进行分析。这里选用的是 Chrome 浏览器开发者工具（DevTools）。在浏览器中，打开豆瓣网站，在页面任意位置右击，选择"检查"命令，查看其 HTML 代码，如图 8-10 所示。

图 8-9　豆瓣电影

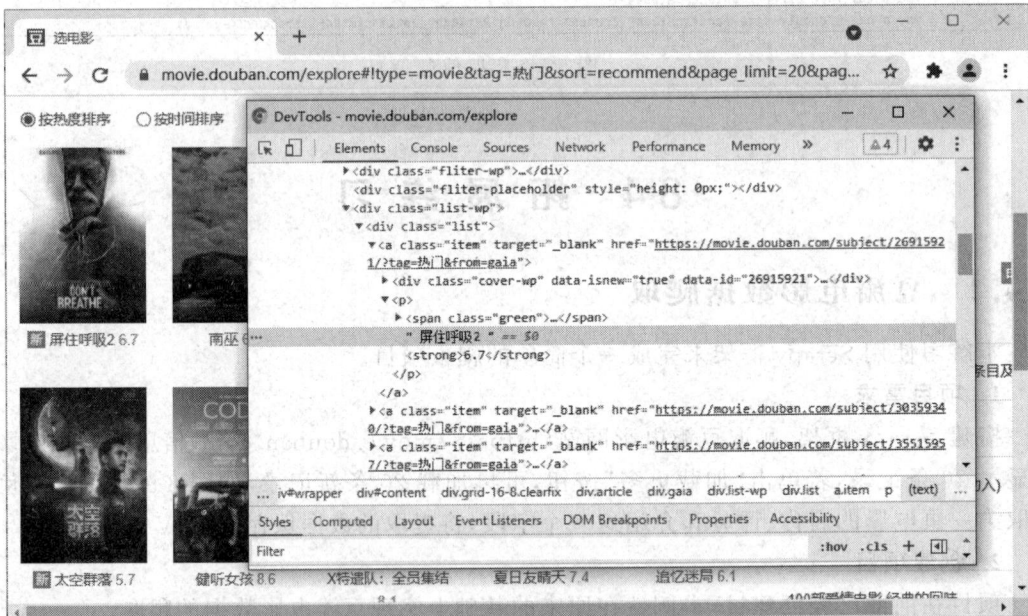

图 8-10　HTML 代码

切换到 Network 选项卡，全局查询请求头和响应体，如图 8-11 所示。

输入其中一部电影名，快速查找数据所在位置。例如，输入"屏住呼吸 2"，查询结果出现在 JSON 字符串中，说明数据来源是动态数据，不是 HTML 页面上的静态数据。

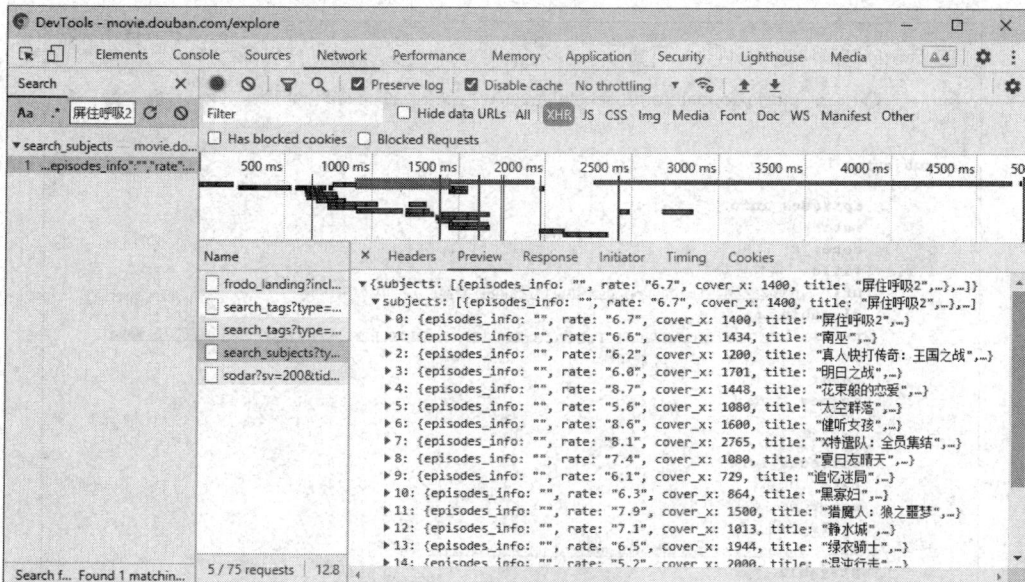

图 8-11　搜索到的数据

单击下方的 Headers 选项卡，可以看到该条数据的请求头信息，如图 8-12 所示。

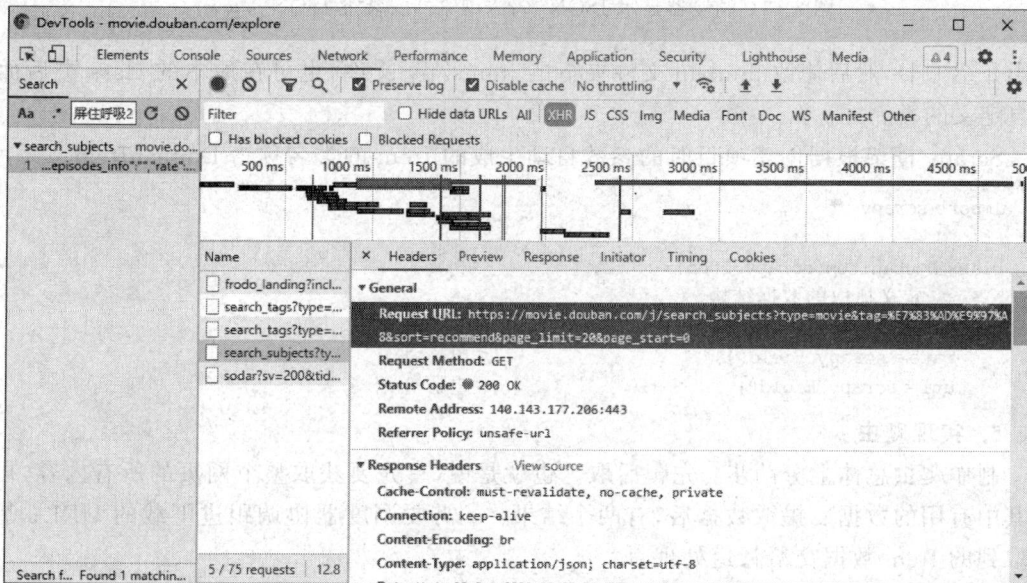

图 8-12　保存数据的 JSON 文件路径

把 JSON 文件的路径复制到浏览器的地址栏中，可快速查看 JSON 数据结构，如图 8-13 所示。从图 8-13 可得：数据保存在键为"subjects"的字典中，字典的值为列表，而列表每一元素又是字典类型的数据。若要获取字典的值，可以通过 for 语句遍历列表。

4. 定义 Item

分析完页面，接下来先确定 Item。在 Scrapy 中，Item 是传给管道文件进行处理的数据容器。构建 Item 模型前，首先要确定需要保存的数据项（如电影名称 title、电影评分 rate、

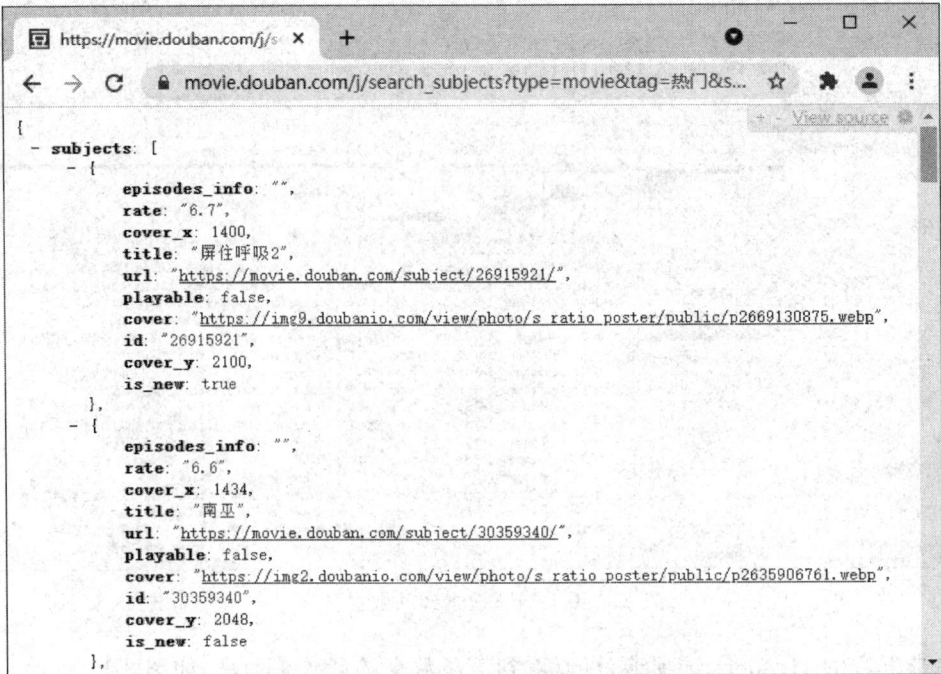

图 8-13　浏览器显示 JSON 文件（浏览器安装过 JSON_View）

电影介绍 url），然后修改 douban 文件夹下的 items.py 文件，也可在原本的 class 类后面添加自定义的类。

Scrapy 框架根据创建项目时的参数自动生成的 Item 的类名称为 DoubanItem。

```python
import scrapy

class DoubanItem(scrapy.Item):
    # 定义抓取的数据结构
    title = scrapy.Field()                  # 电影名称
    rate = scrapy.Field()                   # 电影评分
    url = scrapy.Field()                    # 电影介绍
```

5. 实现爬虫

制作爬虫总体上分两步：先爬后取。也就是说，首先要获取整个网页的所有内容，再提取其中有用的数据。提取数据后，有两个结果：①需要调度器协调跟进下载的 URL；②将获取到的 Item 数据交给管道处理。

将请求交给调度器的语法格式如下。

```python
yield scrapy.Request(url = newUrl, callback = self.xxx)
```

将数据交给管道的语法格式如下。

```python
from ..items import XXXItem
Item[] = xxxItem[]
yield item
```

需要注意的是，豆瓣电影的数据保存在 JSON 文件中，所以读取前要导入 json 库。

在爬虫文件 douban.py 中，编写爬虫代码。

```
import scrapy
import json
from ..items import DoubanItem                       #导入 items.py 中的类 DoubanItem

class DoubanSpider(scrapy.Spider):
    #爬取数据,必须设置三个属性:name、allowed_domains、start_urls
    name = 'douban'
    allowed_domains = ['movie.douban.com']
    start_urls = ['https://movie.douban.com/j/search_subjects?type = movie&tag = \
            % E7 % 83 % AD % E9 % 97 % A8&sort = recommend&page_limit = 20&page_start = 0']

    #分析数据,引擎自动会调用 parse()方法,response 是下载器返回数据的对象
    def parse(self, response):
        movies = json.loads(response.text)['subjects']      # 获取 JSON 内容
        item = DoubanItem()                         #实例化 items.py 中的数据类 DoubanItem
        item['title'] = []                          #空列表
        item['rate'] = []
        item['url'] = []
        for movie in movies:                        #遍历列表,获取所有数据
            item['title'] = movie['title']          #将每条数据依次保存到 item 中
            item['rate'] = movie['rate']
            item['url'] = movie['url']
            yield item                              #通过引擎,把数据传给管道文件处理
```

说明:parse()是 Item 类中的一个方法,书写时注意代码缩进。若将此例的 Item 数据保存到 CSV 文件中,在运行爬虫命令中添加参数即可实现,所以这里没有修改 pipelines.py。

6. 运行爬虫

(1) 编写运行文件(run.py),启动爬虫,并把数据保存到 result.csv 文件中,代码如下。

```
from scrapy import cmdline
cmdline.execute('scrapy crawl douban – o result.csv'.split())
```

当然也可以通过在命令行执行命令 scrapy crawl douban -o result.csv 来实现。

说明:-o 后面的参数表示要导出文件名,文件类型可以是 JSON、CSV、XML 等。

(2) 先用记事本打开文件 result.csv,另存为 ANSI 编码格式的文件,然后双击 result.csv,自动使用 Excel 打开文件,如图 8-14 所示。

从上面的数据可以看出,成功地爬取到豆瓣电影数据。

7. 数据分析

通过 Scrapy 框架爬取到第一页豆瓣电影数据后,简单对数据进行清洗,然后利用 Pandas 对数据进行分析,绘制豆瓣电影评分分布的直方图,如图 8-15 所示。

```
import pandas as pd
import matplotlib.pyplot as plt

#设置字体
plt.rcParams['font.sans – serif'] = ['SimHei']
#读取 CSV 文件
movies = pd.read_csv('result.csv',encoding = 'utf – 8')
# 删除缺失值
movies.dropna(inplace = True)
```

```
# 绘制评分直方图
plt.figure()
plt.hist(movies['rate'], bins = 20, color = 'steelblue')
plt.title('豆瓣电影评分分布直方图', fontsize = 14)
plt.xlabel('评分', fontsize = 12)
plt.ylabel('频数', fontsize = 12)
plt.show()
```

注：这里只是让用户对数据可视化有个初步的认识，后续章节将会进行详细的讲解。

图 8-14　result.csv

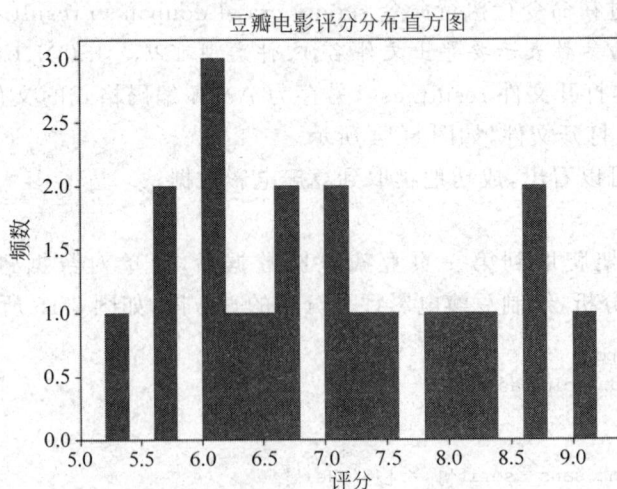

图 8-15　豆瓣电影评分分布直方图

8.4.2 腾讯招聘数据爬取

1. 项目需求

搭建 Scrapy 框架,爬取腾讯招聘信息(https://careers.tencent.com/search.html)。在文本框中输入想要爬取的岗位名称,如图 8-16 所示,然后搜索所有发布的信息并爬取下来,获取的内容包括岗位名称、工作地点、发布时间及具体的工作职责和工作要求,如图 8-17 所示。编写管道文件 pipelines.py,将数据存入 MariaDB 数据库和 JSON 文件中。

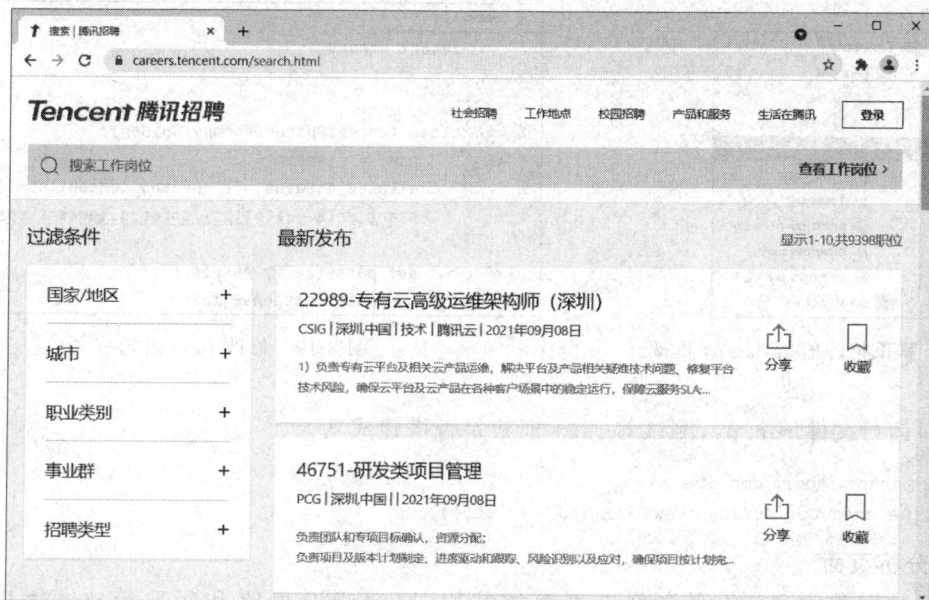

图 8-16 腾讯招聘信息

图 8-17 详细招聘信息

2. 创建项目

在 PyCharm 的 Terminal 窗口中，输入以下命令，即可完成 Scrapy 的创建。

```
scrapy startproject Tencent
cd Tencent
scrapy genspider tencent careers.tencent.com
```

系统自动生成如图 8-18 所示的文件结构。

把 tencent.py 中的 pass 改成 print(response.text)语句，如图 8-19 所示。

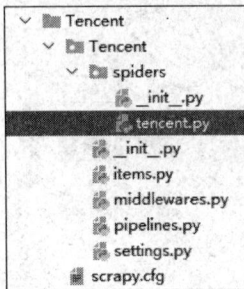

图 8-18　腾讯招聘信息 Scrapy 框架

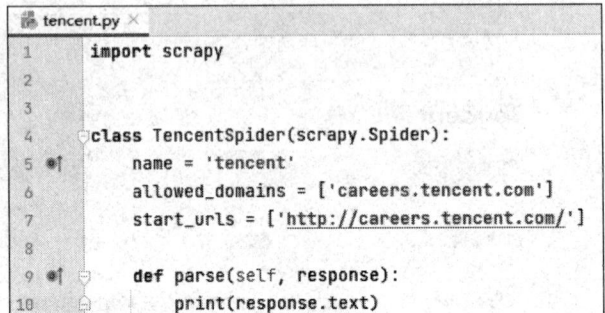

图 8-19　修改 pass 语句

编写运行文件 run.py，测试 Scrapy 框架是否搭建成功。

```
from scrapy import cmdline
cmdline.execute('scrapy crawl tencent'.split())
```

3. 分析页面

爬取数据包之前，必须先分析页面的结构，厘清爬取思路和爬取策略。这里选用 Chrome 浏览器开发者工具（DevTools）进行分析。通过分析搜索结果，可以看出数据是动态加载的，保存在 JSON 字符串中，如图 8-20 所示。

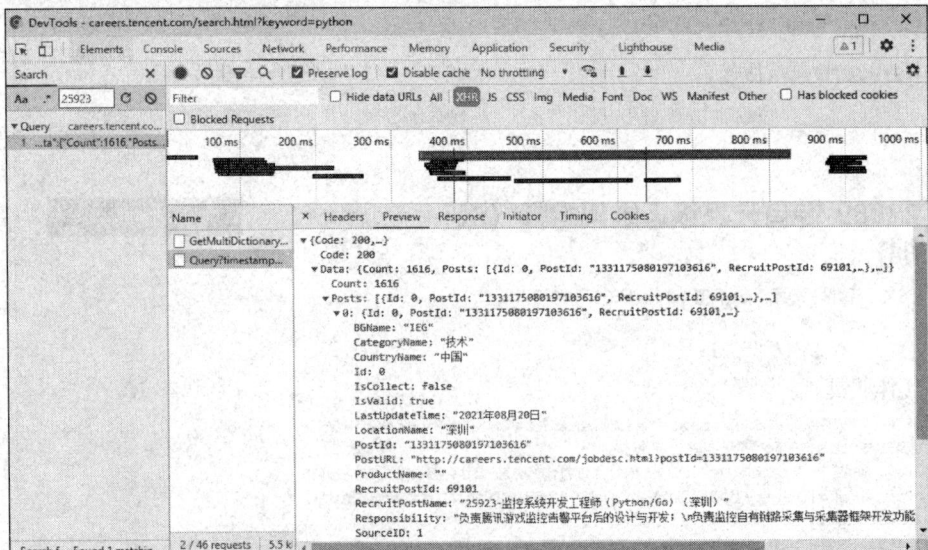

图 8-20　搜索到的数据

单击 Headers 选项卡，查看该条数据的请求头信息，如图 8-21 所示。

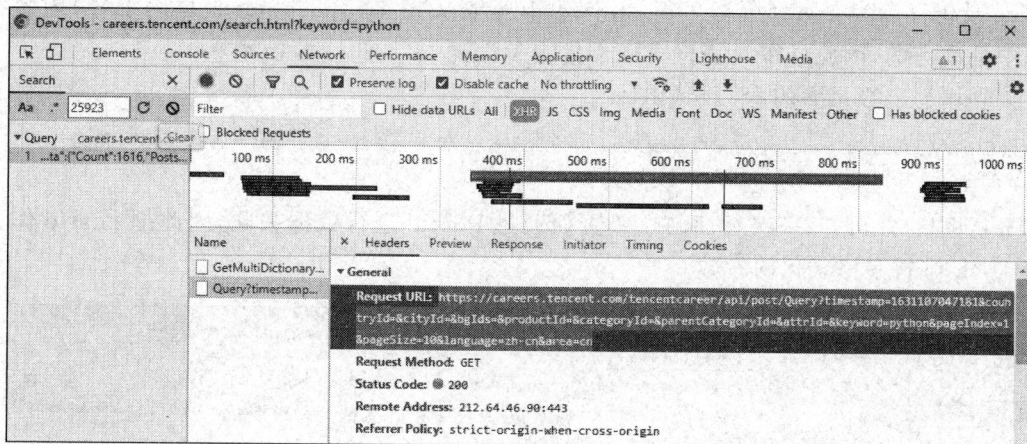

图 8-21　保存数据的 JSON 文件路径

一级页面的 JSON URL 如下。

https://careers.tencent.com/tencentcareer/api/post/Query?timestamp = 1631107047181&
countryId = &cityId = &bgIds = &productId = &categoryId = &parentCategoryId = &attrId = &keyword =
python&pageIndex = 1&pageSize = 10&language = zh − cn&area = cn

把 JSON 文件路径复制到浏览器的地址栏，可快速查看 JSON 数据结构，如图 8-22 所示。从图 8-22 可知，数据保存在键为 Data 的字典中，数据特点是字典嵌套字典，子字典中有 2 个键，键 Count 保存符合条件的岗位数。键 Posts 保存符合条件的每一条记录，其值为列表，而列表的每一个元素又是字典。如果要获取字典的值，可以通过 for 语句遍历。

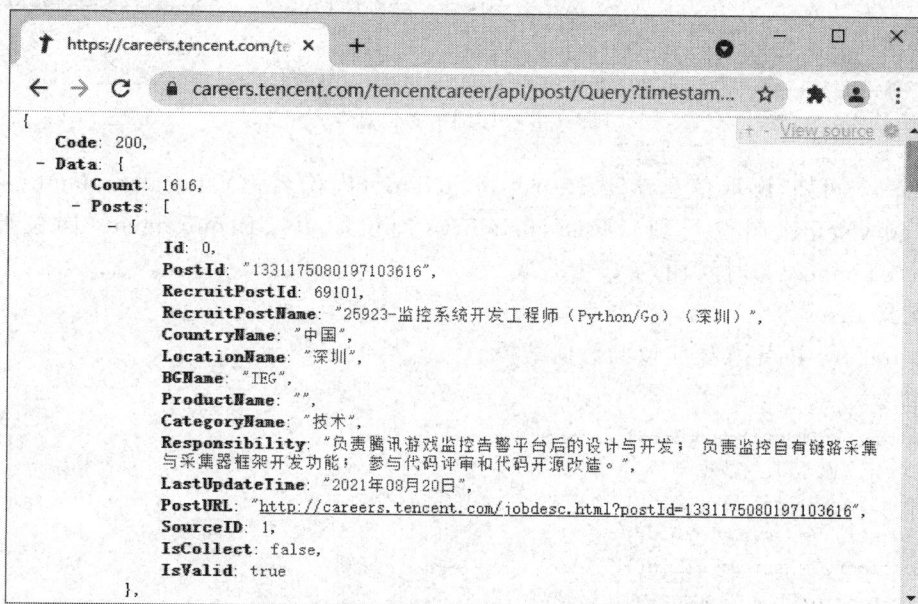

图 8-22　浏览器中显示的 JSON 内容（浏览器安装过 JSON_View）

其中，Count：1616 表示搜索到的岗位数。如果 pageSize＝10，即总页码为 162 页，不足 10 条记录仍显示为 1 页。分析可得，keyword（搜索关键字）、pageIndex（页码编号）内容在 url1 中是动态的，因此可作为字符串格式化的参数。

同理可得二级页面的 JSON URL。

```
https://careers.tencent.com/tencentcareer/api/post/ByPostId?timestamp=1631109394684&
postId=1331175080197103616&language=zh-cn
```

分析图 8-23 可知，一级页面与二级页面通过 PostId 进行数据关联，因此把 postId 作为二级 URL 字符串格式化的参数。

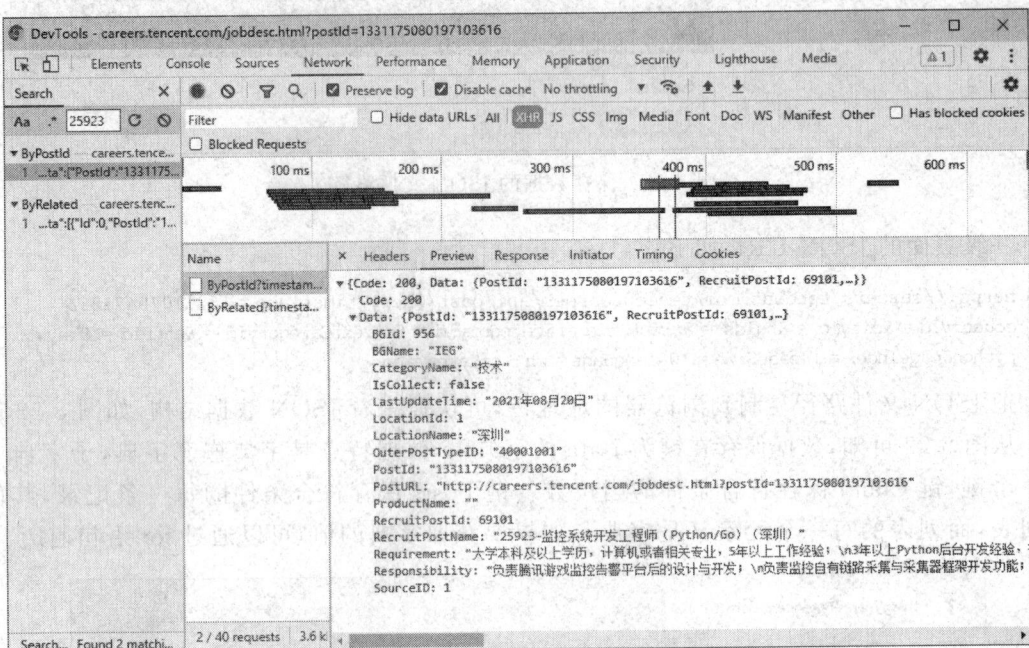

图 8-23　详细招聘信息

从图 8-24 可知，爬取信息从键 RecruitPostName（岗位名称）、LocationName（岗位地址）、CategoryName（岗位类别）、Responsibility（岗位职责）、Requirement（岗位要求）、LastUpdateTime（发布时间）的字典中获取。

4. 定义 items

在 items.py 中，定义要爬取的数据结构。

```
import scrapy
class TencentItem(scrapy.Item):
    # 定义要爬取的数据结构
    postName = scrapy.Field()              # 岗位名称
    location = scrapy.Field()              # 岗位地址
    category = scrapy.Field()              # 岗位类别
    responsibility = scrapy.Field()        # 岗位责任
    requirement = scrapy.Field()           # 岗位要求
    lastUpdateTime = scrapy.Field()        # 更新时间
```

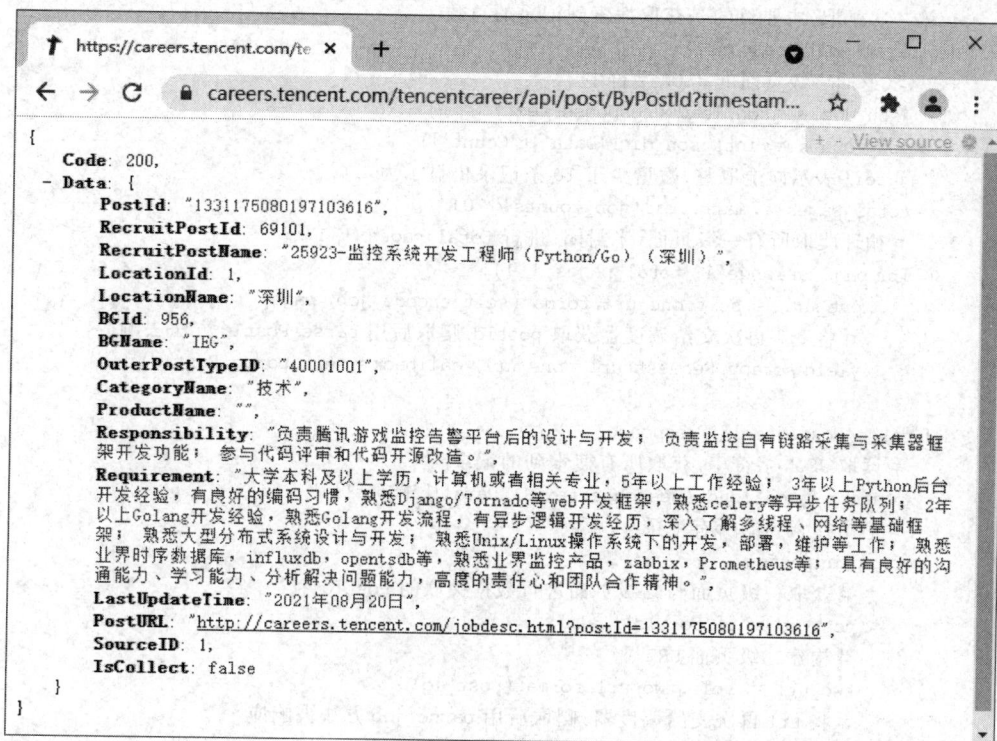

图 8-24　详细招聘信息(浏览器安装过 JSON_View)

5. 实现爬虫

在爬虫文件 tencent.py 中,编写爬虫代码。

```python
import scrapy
import urllib.parse
import json
import math
from ..items import TencentItem          # 导入 items.py 中的类 TencentItem


class TencentSpider(scrapy.Spider):
    name = 'tencent'
    allowed_domains = ['careers.tencent.com']
    # 对一级页面发送请求,获取 postId,再从二级页面获取岗位信息
    job = input("请输入你要搜索的工作岗位:")
    # 对 URL 进行编码
    encode_job = urllib.parse.quote(job)
    # 搜索记录
    one_url = 'https://careers.tencent.com/tencentcareer/api/post/Query?timestamp = 1631107
047181&countryId = &cityId = &bgIds = &productId = &categoryId = &parentCategoryId = &attrId =
&keyword = {}&pageIndex = {}&pageSize = 10&language = zh - cn&area = cn'
    # 岗位详情
    two_url = 'https://careers.tencent.com/tencentcareer/api/post/ByPostId? timestamp =
1631109394684&postId = {}&language = zh - cn'
    start_urls = [one_url.format(encode_job, 1)]
```

```
#第一次爬取,主要目的是获取搜索到记录的总数
def parse(self, response):
    # 返回一级页面的 JSON 字符串
    json_dic = json.loads(response.text)
    job_counts = int(json_dic['Data']['Count'])
    #ceil 表示向上取整,数量少于 10 条记录仍显示为 1 页
    total_pages = math.ceil(job_counts / 10)
    #循环爬取所有一级页面,半封闭,进行 total_pages + 1
    for page in range(1, total_pages + 1):
        one_url = self.one_url.format(self.encode_job, page)
        #将 url 再次交给调度器获取 postId,爬取后用 parse_PostId 方法去响应
        yield scrapy.Request(url = one_url, callback = self.parse_PostId)


def parse_PostId(self, response):
    #读取 JSON 字符串,获取所有搜索到的记录
    posts = json.loads(response.text)['Data']['Posts']
    #遍历搜索到的所有记录
    for p in posts:
        #获取一级页面与二级页面进行数据关联的 PostId
        post_id = p['PostId']
        #构建二级页面 URL
        two_url = self.two_url.format(post_id)
        #将 url 再次交给调度器,爬取后用 parse_job 方法去响应
        yield scrapy.Request(url = two_url, callback = self.parse_job)


def parse_job(self, response):
    item = TencentItem()
    job = json.loads(response.text)['Data']
    item['postName'] = job['RecruitPostName']
    item['location'] = job['LocationName']
    item['category'] = job['CategoryName']
    item['responsibility'] = job['Responsibility']
    item['requirement'] = job['Requirement']
    item['lastUpdateTime'] = job['LastUpdateTime']
    yield item
```

6. 修改管道

当 Item 在 Spider 中被收集之后,它将会被传递到 Item 管道,这些组件按定义的顺序处理 Item。每个 Item 管道都是能实现简单功能的 Python 类,如决定此 Item 是丢弃还是存储。Item 管道的典型应用是验证爬取的数据(检查 Item 是否包含某些字段)、检查重复项并丢弃、将爬取结果保存到文件或者数据库中。

管道文件中常用的类方法如下。

open_spider(self, spider):打开 Spider 时,调用此方法。

close_spider(self, spider):关闭 Spider 时,调用此方法。

process_item(self, item, spider):每个 Item 管道组件都需要调用该方法去处理 Item。这个方法必须返回一个 Item 对象,如果被丢弃,Item 将不会被之后的管道组件所处理。

接下来,通过管道文件(pipelines.py)实现数据保存。默认管道类 TencentPipeline 把

数据保存到 JSON 文件中，自定义管道类 TencentSQLPipeline 把数据保存到 MariaDB 数据库中。

```python
import mariadb
import json
from itemadapter import ItemAdapter            # 适配 Item

class TencentPipeline:
    def open_spider(self, spider):
        # 打开 JSON 文件
        self.file = open('tencentFile.json', 'w')

    def process_item(self, item, spider):
        # 写入数据
        content = json.dumps(dict(item), ensure_ascii = False) + '\n'
        self.file.write(content)
        return item

    def close_spider(self, spider):
        # 关闭文件
        self.file.close()

class TencentSQLPipeline:
    def open_spider(self, spider):
        print('爬虫开始连接数据库')
        self.db = mariadb.connect(host = 'localhost', user = 'root', password = '123456', \
                                  database = 'tencentDB', port = 3306)
        # 创建游标，执行 SQL 语句
        self.curosr = self.db.cursor()

    def process_item(self, item, spider):
        # 插入数据，使用 DB - API(数据库接口规范), ?表示占位符
        sql_insert = 'insert into tencent values(?,?,?,?,?,?)'
        data = [item['postName'], item['location'], item['category'], \
                item['responsibility'], item['requirement'], item['lastUpdateTime']]
        self.curosr.execute(sql_insert, data)
        self.db.commit()
        return item

    def close_spider(self, spider):
        self.curosr.close()
        self.db.close()
        print('退出爬虫')
```

注意，若在运行过程中出现数据库字符超出限制错误，如"mariadb. DataError：Data too long for column 'requirement' at row 1"，可尝试把 my. ini 中的 innodb_buffer_pool_size 配置为 1G。

7. 修改配置文件

运行爬虫文件前，要先修改配置文件 settings. py。

（1）User-Agent 默认值，可以设置自定义的头部。

```
USER_AGENT = 'Mozilla/5.0 (Windows NT 10.0; Win64; x64)\
AppleWebKit/537.36 (KHTML, like Gecko) Chrome/94.0.4606.81 Safari/537.36'
```

（2）是否遵循 Robots 协议，通常改为 False。

```
ROBOTSTXT_OBEY = False
```

（3）对单个网站最大并发量，默认为 16。1 表示单线程下载。

```
CONCURRENT_REQUESTS = 1
```

（4）下载延迟时间，为了反爬。

```
DOWNLOAD_DELAY = 2
```

（5）启动管道文件。数字越小，优先级越高。需要注意，与前面例子相比，这里还需启动自定义的管道 TencentSQLPipeline。

```
ITEM_PIPELINES = {
    'Tencent.pipelines.TencentPipeline': 300,
    'Tencent.pipelines.TencentSQLPipeline':200
}
```

（6）是否启用 Cookies。Fasle 表示禁用。

```
COOKIES_ENABLED = False
```

8. 运行爬虫

编写运行文件（run.py），通过命令行参数，将数据保存到 result.csv 文件中。

```
from scrapy import cmdline
cmdline.execute('scrapy crawl tencent - o result.csv'.split())
```

运行 run.py，界面如图 8-25 所示。

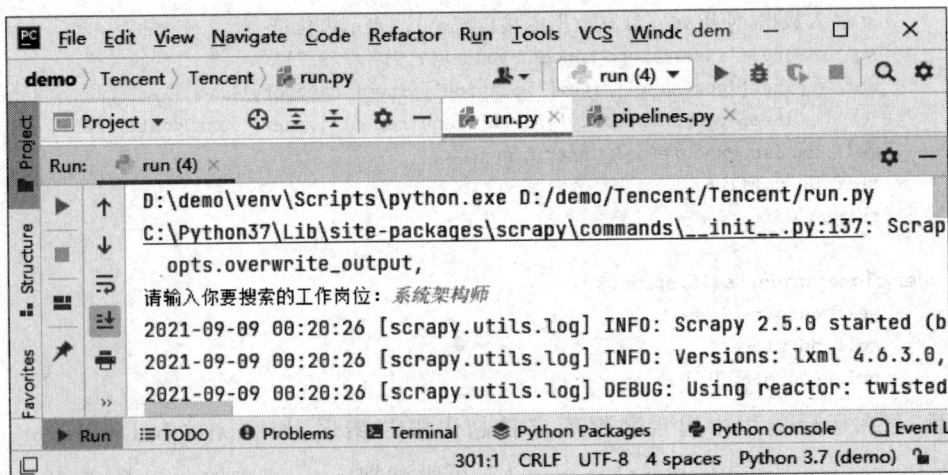

图 8-25　测试爬虫

最终爬取的数据分别保存在 tencentdb 数据库、tencentFile.json 和 result.csv 文件中。操作后数据表（tencent）的记录如图 8-26 所示。

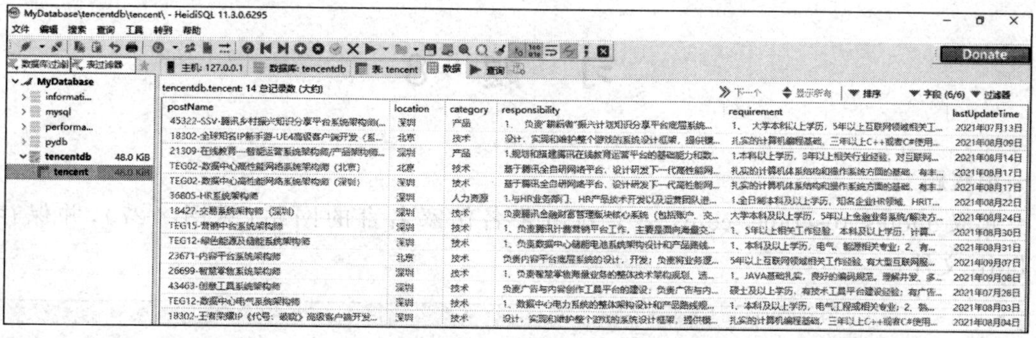

图 8-26　MariaDB 中 tencent 表记录

本 章 小 结

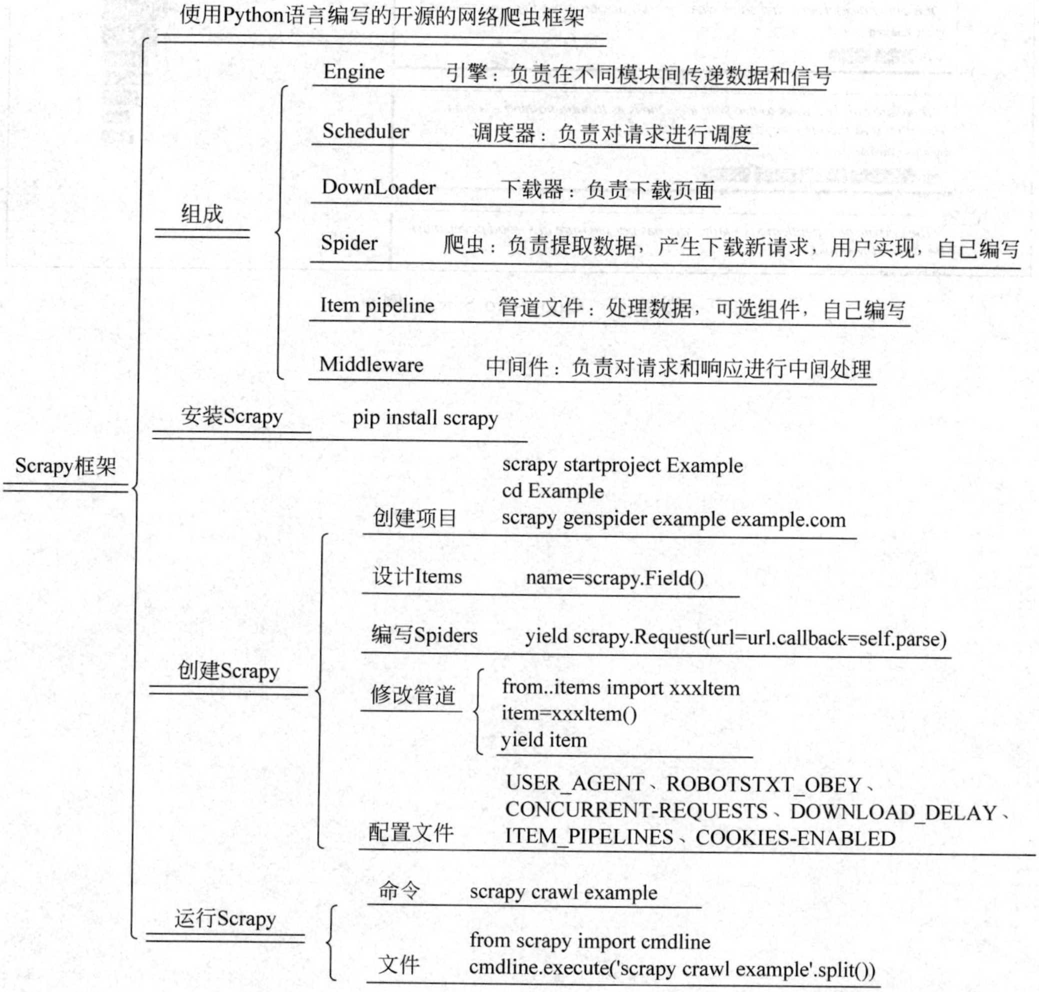

使用Python语言编写的开源的网络爬虫框架

Scrapy框架

组成
- Engine　引擎：负责在不同模块间传递数据和信号
- Scheduler　调度器：负责对请求进行调度
- DownLoader　下载器：负责下载页面
- Spider　爬虫：负责提取数据，产生下载新请求，用户实现，自己编写
- Item pipeline　管道文件：处理数据，可选组件，自己编写
- Middleware　中间件：负责对请求和响应进行中间处理

安装Scrapy　pip install scrapy

创建Scrapy

创建项目
```
scrapy startproject Example
cd Example
scrapy genspider example example.com
```

设计Items　name=scrapy.Field()

编写Spiders　yield scrapy.Request(url=url.callback=self.parse)

修改管道
```
from..items import xxxItem
item=xxxItem()
yield item
```

配置文件　USER_AGENT、ROBOTSTXT_OBEY、CONCURRENT-REQUESTS、DOWNLOAD_DELAY、ITEM_PIPELINES、COOKIES-ENABLED

运行Scrapy

命令　scrapy crawl example

文件
```
from scrapy import cmdline
cmdline.execute('scrapy crawl example'.split())
```

171

习　题　8

编程题

爬取 quotes. toscrape. com，一个列出著名作家名言的网站（见图 8-27），并保存成 HTML 文件。

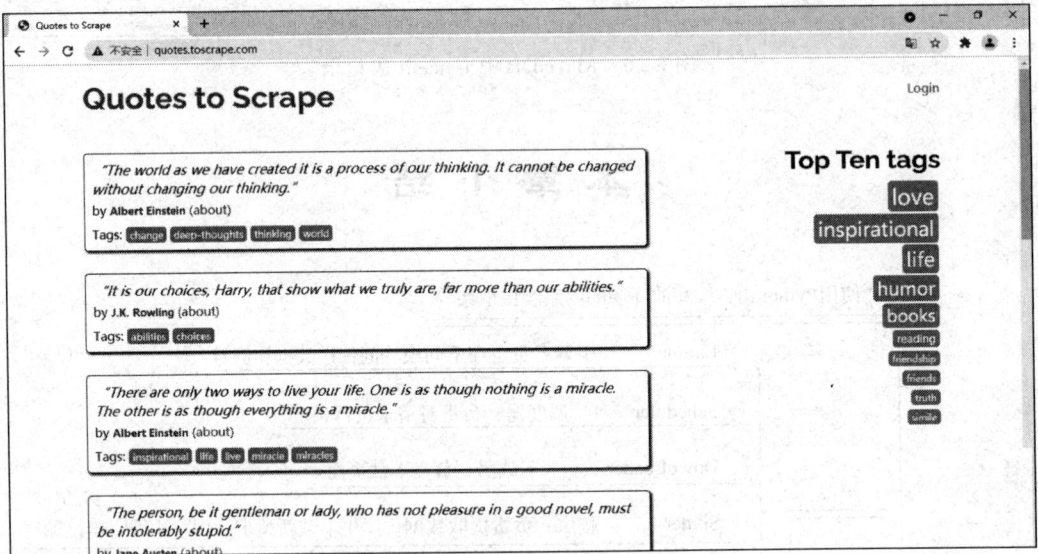

图 8-27　Quotes to Scrape 网页

第9章 数据可视化

在日常工作中,为了更加直观地发现数据中隐藏的规律,察觉出变量之间的互动关系,人们常常借助可视化来简化复杂信息,实现一图胜千文的表达效果。本章介绍如何通过Matplotlib实现数据的可视化,并通过词云图展示文中高频率出现的关键词。

9.1 Matplotlib 绘制图形

Matplotlib 是 Python 的绘图库,通过它可以轻松地将数据图形化,让用户更加直观地了解到数据的特征和变化趋势。Matplotlib 提供多种输出格式,它时常与 NumPy 一起搭配使用,并提供了一种有效的 MATLAB 开源替代方案。

由于 Python 不包含 Matplotlib 模块,所以使用前需先安装。

在使用 Matplotlib 绘图前,需导入 matplotlib 库,但大部分绘图功能在 matplotlib. pyplot 子库中,通过这个子库可以快捷地绘制各种可视化图形,所以通常只导入 matplotlib. pyplot 子库。另外在导入子库时,还经常设置一个简短的别名(plt)以方便输入。

```
import matplotlib.pyplot as plt
```

9.1.1 图形组成

图形的组成如图 9-1 所示,这里涉及以下几个重要概念,很容易混淆。

(1) Figure(画布)。Matplotlib 绘制图形都是在 Figure 上实现的,Figure 可理解为画布。

(2) Axes/Subplot(子图)。每个 Figure(画布)可以包含一个或多个区域 Axes/Subplot,简称子图,但通常至少有一个。如果画布中不存在子图,那么图形函数会在绘图时自动创建一个,也可理解为隐式创建。

Axes 与 Subplot 最大的区别在于:Axes 生成子图比较灵活,可以控制子图位置,甚至可以相互重叠。而 Subplot 是自动对齐到网格,但它们本质上都是子图,也就是说 Subplot 内部调用的其实也是 Axes,只不过规范了各个 Axes 的排列。

(3) Axis(坐标轴)。Axis 表示坐标轴。可以对轴进行配置,如轴的范围、方向、标签、标题、图例等。

(4) Plot(线图)。Plot(x,y)用于创建坐标点(x,y)对应的二维线图。

在 Python 中,创建图形最简单的方法是使用 matplotlib. pyplot 库,画布与子图可以同时创建,也可以分步完成,从而实现更复杂的子图布局。

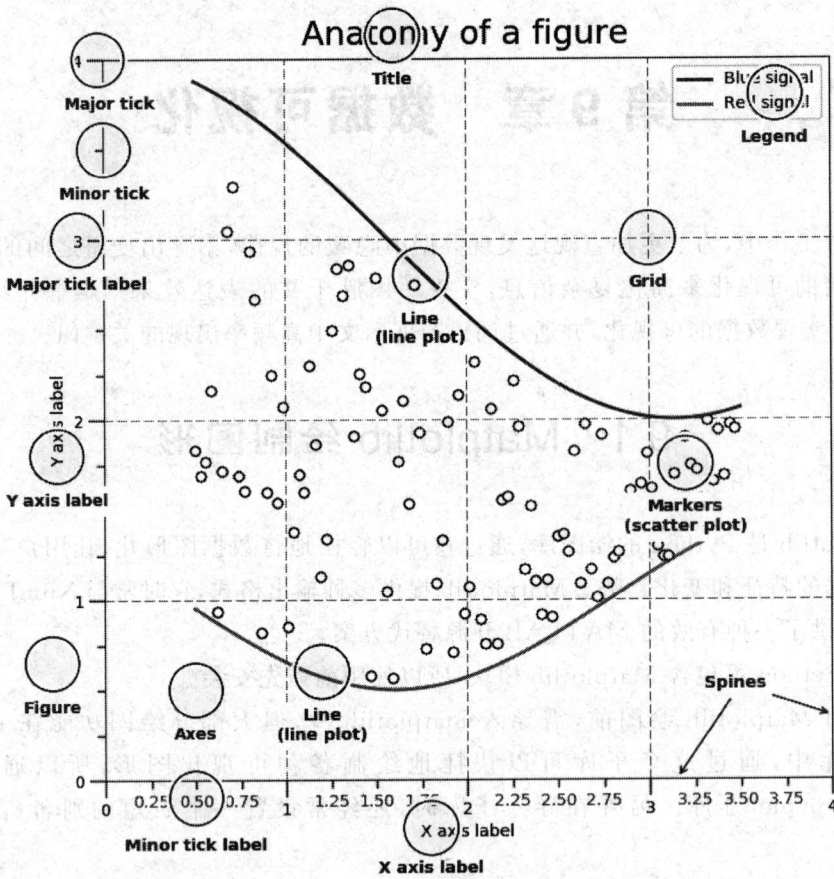

图 9-1 图的组成部分

```
fig = plt.figure()                  # 创建一个空白画布
fig, ax = plt.subplots()            # 创建一个画布和一个子图
fig, axs = plt.subplots(2, 2)       # 创建一个画布和2行2列的网格子图
```

例如,创建一个简单图形,如图 9-2 所示。

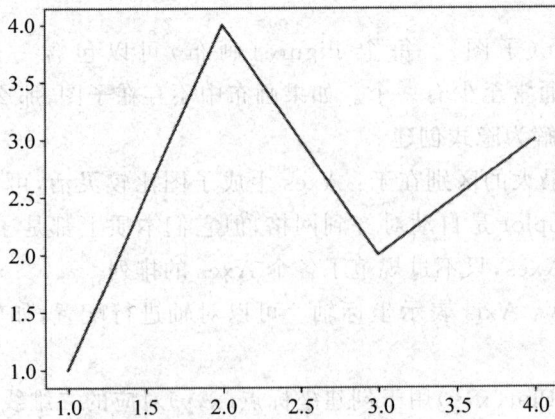

图 9-2 使用 Matplotlib 绘制的简单图形

```
import matplotlib.pyplot as plt
fig, ax = plt.subplots()                          # 创建一个画布和一个子图
ax.plot([1, 2, 3, 4], [1, 4, 2, 3])               # 在子图区域进行绘制图形
plt.show()                                        # 显示图形
```

事实上,在 Matplotlib 中也可以用隐式的方式创建画布和子图,所以,前面的例子可以简写为下面的语句,并获得所需的图形。

```
import matplotlib.pyplot as plt
plt.plot([1, 2, 3, 4], [1, 4, 2, 3])              # 绘制图形
plt.show()                                        # 显示图形
```

9.1.2 绘图方式

常用 Matplotlib 图形绘制的方法有两种:Pyplot(函数式编程)和 OO(面向对象式编程)。

1. Pyplot 风格

依靠 Pyplot 可以隐式创建、管理画布(Figure)与子图(Axes),并使用 Pyplot 的函数进行绘图,语法格式基本为"plt.方法()",代码简单易懂,比较适合初学者。

示例:用 Pyplot 风格绘制图形,实现图 9-3 所示的效果。

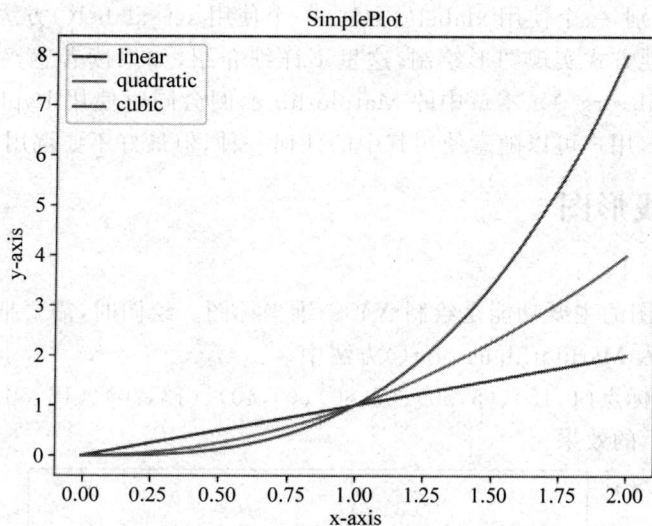

图 9-3 绘制图形

```
import numpy as np
import matplotlib.pyplot as plt

x = np.linspace(0, 2, 100)                         # 等差数列
plt.plot(x, x, label = 'linear')                   # 绘制图形
plt.plot(x, x ** 2, label = 'quadratic')           # 绘制图形
plt.plot(x, x ** 3, label = 'cubic')               # 绘制图形
plt.xlabel('x - axis')                             # 设置 X 轴标题
plt.ylabel('y - axis')                             # 设置 Y 轴标题
plt.title('SimplePlot')                            # 设置主图标题
plt.legend()                                       # 显示图例名称 label
```

```
plt.show()                          #显示图形
```

2. OO 风格

用面向对象编程风格,可以显式创建图形和子图,并调用它们的方法。

示例:用 OO 风格绘制图形,同样实现图 9-3 所示的效果。

```
import numpy as np
import matplotlib.pyplot as plt


x = np.linspace(0,2,100)                #等差数列
fig, ax = plt.subplots()                #创建画布和子图区域
ax.plot(x, x, label = 'linear')         #绘制图形
ax.plot(x, x ** 2, label = 'quadratic') #绘制图形
ax.plot(x, x ** 3, label = 'cubic')     #绘制图形
ax.set_xlabel('x - axis')               #设置 X 轴标题
ax.set_ylabel('y - axis')               #设置 Y 轴标题
ax.set_title('SimplePlot')              #设置主图标题
ax.legend()                             #显示图例名称 label
plt.show()                              #显示图形
```

由以上可知,Pyplot、OO 编程风格是有所区别的。例如,创建图形 Figure 时,一个是隐式创建,一个是显式创建。设置 X 轴标题,因采用的编程方式有所不同,故调用对应的方法名称也有细微的差别,一个使用 xlabel()方法,一个使用 set_xlabel()方法,等等。

当然,还有其他方式实现图形绘制,这里不详细介绍,如果读者感兴趣,可以查看官网(https://matplotlib.org/)。本章中的 Matplotlib 示例会同时使用 Pyplot 和 OO 方法,它们的功能同样强大,用户可以随意使用其中的任何一种,但最好不要混用。

9.1.3 绘制线形图

1. 绘制单图

Matplotlib 绘图的主要功能是绘制 XY 二维坐标图。绘图时,需要把 X、Y 坐标值保存到列表变量中,传入 Matplotlib 的 plot()方法中。

示例:根据坐标点(1,15)、(5,50)、(7,80)、(9,40)、(13,70)、(16,50),绘制对应的线形图,实现图 9-4 所示的效果。

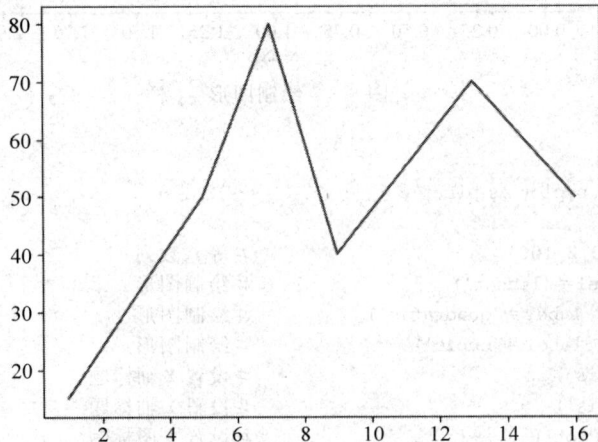

图 9-4　绘制单个图形

```
import matplotlib.pyplot as plt

#设置 X、Y 坐标值
listX = [1,5,7,9,13,16]
listY = [15,50,80,40,70,50]
#绘制图形
plt.plot(listX,listY)
#显示图形
plt.show()
```

需要注意，绘制图形后，需要用 show()方法才能显示出来。

2. 绘制多图

在同一坐标中，可以同时绘制多个图形，通常将所有图形都绘制完成后，再显示。

示例：绘制多个图形，效果如图 9-5 所示。

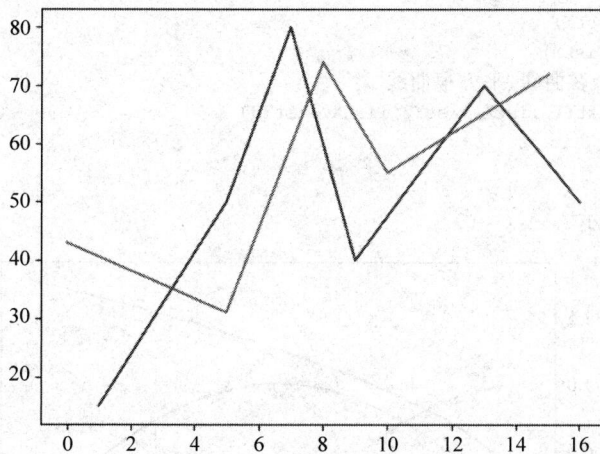

图 9-5　绘制多个图形

```
import matplotlib.pyplot as plt

#绘制第一个图形
listX1 = [1,5,7,9,13,16]
listY1 = [15,50,80,40,70,50]
plt.plot(listX1,listY1)
#绘制第二个图形
listX2 = [0,5,8,10,15]
listY2 = [43,31,74,55,72]
plt.plot(listX2,listY2)
#显示图形
plt.show()
```

3. 图形设置

图形设置一般包括图的标题(title)、横纵坐标轴(label、axis、major tick、minor tick)、图例(legend)、网格(grid)等。

1）设置 plot()参数

语法：

```
plt.plot(x ,y ,format_string, ** kwargs)
```

177

说明：

x：*X* 轴数据，值为列表或者数组，参数可无。

y：*Y* 轴数据，值为列表或者数据。

format_string：控制曲线风格的字符串，参数可无。

** kwargs：第二组曲线或者更多曲线控制参数。

示例：在 plt. plot()方法中设置多个参数，同时绘制 3 条曲线（正弦、余弦、平方根）。

```
import numpy as np
import matplotlib.pyplot as plt

#X 坐标值,从 0 到 π 的 100 个等差数列
listX = np.linspace(0,np.pi,100)
#Y 坐标值(正弦、余弦、平方根)
listY1 = np.sin(listX)
listY2 = np.cos(listX)
listY3 = np.sqrt(listX)
#绘制正弦曲线、余弦曲线、平方根曲线
plt.plot(listX,listY1,listX,listY2,listX,listY3)
#显示图形
plt.show()
```

效果如图 9-6 所示。

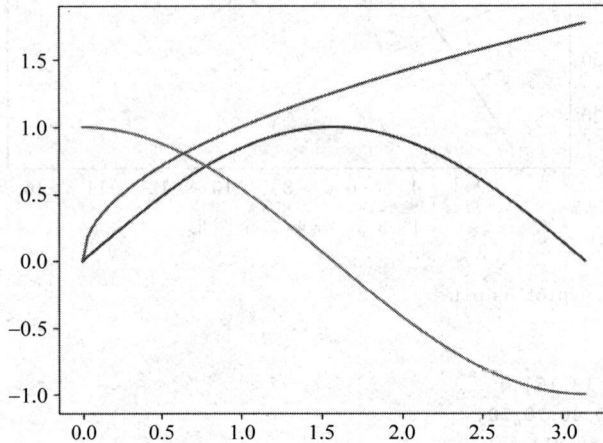

图 9-6　plot()方法的应用

2）设置线型

format_string 参数的语法格式为［color］［marker］［line］，参数值可组合赋值，也可以分开设置，如表 9-1 所示。

表 9-1　format_string 参数

参　　数	取　　值
color	蓝色 b，绿色 g，红色 r，黄色 y，黑色 k；十六进制值
marker	点标记 .，倒三角标记 v，上三角标记 ^，右三角标记 >，十字标记 ＋，星状标记 ＊；实心方形标记 s，X 标记 x，圆标记 o，平方标记 s
line	实线–，虚线––，点画线–.，点线：，无线条''或'None'

例如，绘制用虚线表示且线宽为 1 的蓝色余弦曲线。

```
plt.plot(listX,listY,'b--',linewidth=1)
```

其中，format_string 接收的 'b--' 属于属性的组合值，表示蓝色虚线。除了组合赋值外，还可以使用"关键字＝参数"方式。通过关键字全称（如 linestyle）或关键字缩写（如 ls）对单个属性进行赋值。上面语句可修改为

```
plt.plot(listX, listY,color='blue', linestyle='--', linewidth=1,label='cos')
```

需要注意：设置图形标题时，label＝'cos()'此属性需要与 legend()搭配使用。

示例：绘制如图 9-7 所示的余弦曲线，线宽为 1，蓝色虚线，透明度为 0.5，图例标题为 cos。

```
import numpy as np
import matplotlib.pyplot as plt

listX = np.linspace(-np.pi,np.pi,256,endpoint=True)
listY = np.cos(listX)
plt.plot(listX, listY,color='blue', linestyle='--', linewidth=1,label='cos',alpha=0.5)
plt.legend()
plt.show()
```

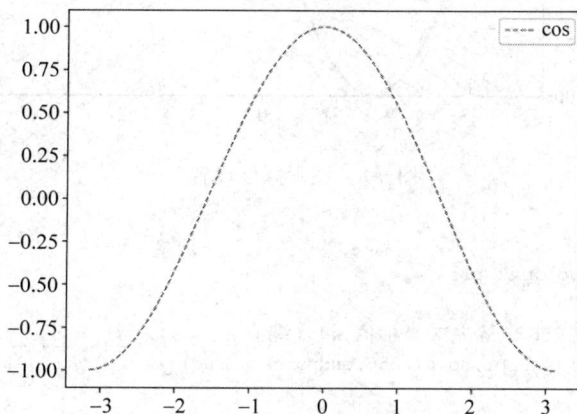

图 9-7 余弦曲线

3）图形的属性设置

图形的属性设置包括图形标题、X 坐标和 Y 坐标的轴标题、添加注释等。

```
plt.title('图形标题')
plt.xlabel('X 坐标标题')
plt.ylabel('Y 坐标标题')
plt.text(X 坐标, Y 坐标,注释 s, ha='水平对齐样式', va='垂直对齐样式')
```

例如：

```
plt.title('sin & cos')                              # 设置标题
plt.xlabel('x')                                     # 设置 X 轴标题
plt.ylabel('y')                                     # 设置 Y 轴标题
plt.text(0.5, 1, 'matplotlib', ha='left', va='top') # 注释
```

如果没有指定 X 坐标、Y 坐标范围，系统会根据数据大小调整最合适的 X 坐标、Y 坐标

取值范围。如果想使用手工方式设置坐标显示的范围，语法格式如下。

```
plt.axis([X 起始值,X 终值,Y 起始值,Y 终值])
```

例如：

```
plt.axis([-4,4,-1,1])                                    #控制 X、Y 显示范围
```

要保存图片，可以通过 plt.savefig()命令来完成。默认为 PNG 图片格式，并可以通过 dpi 参数控制输出图片质量。dpi 为像素值，一般 600 完全够用。

示例：绘制正弦、余弦曲线，效果如图 9-8 所示。

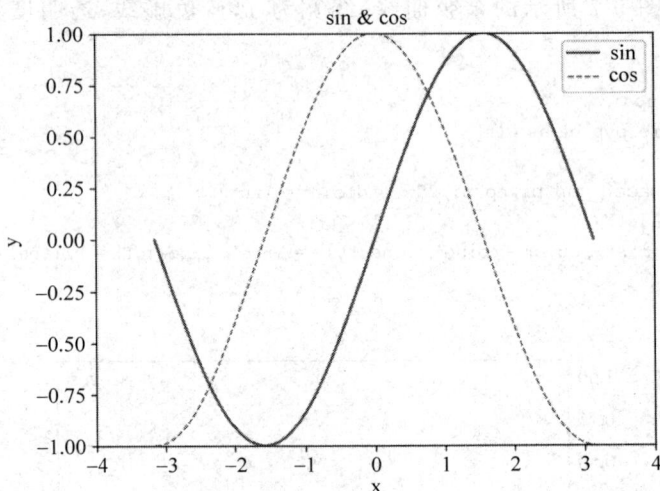

图 9-8　图形属性设置

```
import numpy as np
import matplotlib.pyplot as plt


# 在 -π~π 之间生成 256 个等差 X 坐标值,包含终值 π
listX = np.linspace(-np.pi,np.pi,256,endpoint = True)
# 绘制 sin 曲线
s = np.sin(listX)                                        #Y 坐标值
plt.plot(listX,s,'r',label = 'sin')
# 绘制蓝色虚线、线宽 1、透明度 0.5 的余弦曲线
c = np.cos(listX)                                        #Y 坐标值
plt.plot(listX,c,color = 'blue',linewidth = 1.0,linestyle = '--',label = 'cos',alpha = 0.5)
plt.title('sin & cos')                                   #设置图形标题
plt.xlabel('x')                                          #设置 X 轴标题
plt.ylabel('y')                                          #设置 Y 轴标题
plt.axis([-4,4,-1,1])                                    #设置 X、Y 显示范围
plt.legend()                                             #显示图例名称 label
plt.savefig('images/test.png',dpi = 600)                 #保存图片
plt.show()                                               #显示图片
```

以上代码中，如果没有设置线条的显示颜色，系统会自动设置。当然，还可以设置坐标点位置以及填充色、备注，等等。

示例：在上一个例子的基础上，对图形进一步调整与完善。设置上、右边框不显示，坐标原点在(0,0)位置，图例的标题位于左上角，设置网格，并进行填充，在(1, np.cos(1))处

进行标注,效果如图 9-9 所示。

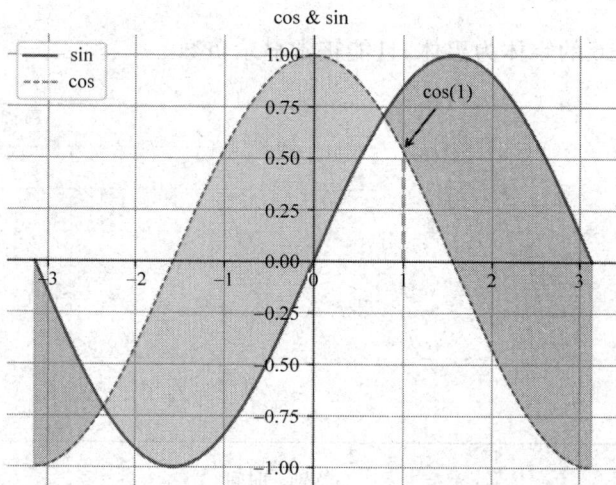

图 9-9　调整完善后的图形

```
import matplotlib.pyplot as plt
import numpy as np

plt.figure(1)
listX = np.linspace( - np.pi, np.pi, 256, endpoint = True)
s = np.sin(listX)
plt.plot(listX , s, 'r', label = 'sin')
c = np.cos(listX)
plt.plot(listX, c, color = 'blue', linewidth = 1.0, linestyle = ' -- ', label = 'cos', alpha = 0.5)
plt.title('cos & sin')
ax = plt.gca()                                         # gca 全称 get current axes,获取当前坐标
ax.spines['top'].set_color('none')                     # 去掉上边框
ax.spines['right'].set_color('none')                   # 去掉右边框
ax.spines['bottom'].set_position(('data', 0))          # 设置下边框位于 0 位置
ax.spines['left'].set_position(('data', 0))            # 设置左边框位于 0 位置
plt.legend(loc = 'upper left')                         # 设置图例的 label 显示位置为左上角
plt.grid()                                             # 设置网格
# 根据 where 表达式,在两组 Y 值之间填充不同颜色
plt.fill_between(listX, s, c, where = (s > c), color = '#1f77b4', alpha = 0.25)
plt.fill_between(listX, s, c, where = (s < c), color = '#e377c2', alpha = 0.25)
# 绘制(1, 0)到(1, np.cos(1))、宽为 2 的黄色虚线
plt.plot([1, 1], [0, np.cos(1)], 'y', linewidth = 2, linestyle = ' -- ')
# 相对坐标(1, np.cos(1)),在 X 方向偏移 10、Y 方向偏移 30 的位置进行文字标注
plt.annotate('cos(1)', xy = (1, np.cos(1)), xycoords = 'data', xytext = ( + 10, + 30), textcoords =
'offset points', arrowprops = dict(arrowstyle = ' -> '))
plt.show()
```

4. 中文显示

由于 Matplotlib.pyplot 本身不支持中文显示,需要通过修改其他属性才能正常显示。

1) 通过 rcParams 来修改字体

语法:

```
plt.rcParams[字体参数] = 新值
```

其中，参数 font.family 表示字体名称；font.style 表示字体类型，如斜体 italic；font.size 表示字体大小。

示例：设置图 9-10 的字体为黑体，且能正常显示负数。

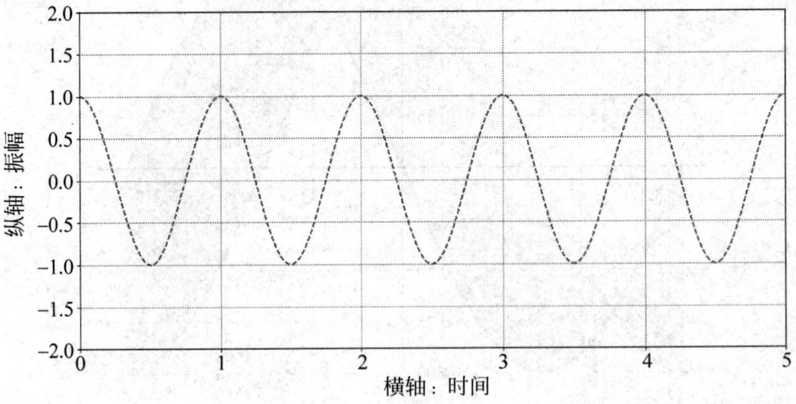

图 9-10　设置中文显示

```python
import numpy as np
import matplotlib.pyplot as plt

plt.rcParams['font.family'] = 'SimHei'          # SimHei 表示黑体
plt.rcParams['font.size'] = 20
plt.rcParams['axes.unicode_minus'] = False      # 正常显示负数
listX = np.arange(0,5,0.02)
listY = np.cos(2 * np.pi * listX)
plt.ylabel('纵轴:振幅')
plt.xlabel('横轴:时间')
plt.plot(listX, listY,'r--')
plt.axis([0,5,-2,2])                            # 控制 X、Y 轴显示范围
plt.grid(True)                                  # 显示网格
plt.show()
```

2）为中文增加字体属性

```python
import matplotlib.pyplot as plt
import numpy as np

listX = np.arange(0.0,5.0,0.02)
listY = np.cos(2 * np.pi * listX)
plt.ylabel('纵轴:振幅',fontproperties = 'SimHei',fontsize = 20)
plt.xlabel('横轴:时间',fontproperties = 'SimHei',fontsize = 20)
plt.plot(listX, listY,'r--')
plt.axis([0,5,-2,2])
plt.grid(True)
plt.show()
```

9.1.4　绘制柱状图

除了绘制线形图外，Matplotlib 还可以绘制柱状图、散点图、饼图和直方图等。柱状图

的绘制是通过 plt.bar()方法来实现的,其语法格式如下。

```
plt.bar(x, y, …)
```

绘制柱状图的参数与绘制线形图类似,除了一些线形图的属性参数(如线宽、线形等)不能使用外,其余参数在绘制柱状图时都可以使用。

示例:制作如图 9-11 所示的柱状图。

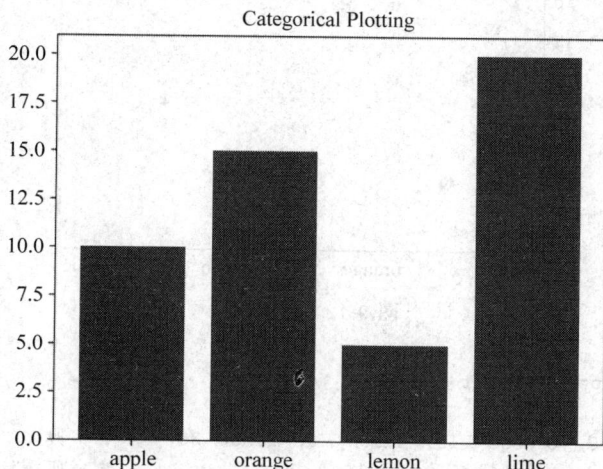

图 9-11　柱状图示例

```
import matplotlib.pyplot as plt

data = {'apple': 10, 'orange': 15, 'lemon': 5, 'lime': 20}    #字典
listX = list(data.keys())                                     #字典键作为 X 坐标值
listY = list(data.values())                                   #字典值作为 Y 坐标值
plt.bar(listX, listY)                                         #绘制柱状图
plt.title('Categorical Plotting')                             #绘制图形标题
plt.show()                                                    #显示图形
```

9.1.5　绘制散点图

语法:

```
plt.scatter(x, y[, s = None, c = None, marker = None, cmap = None, norm = None,\
vmin = None, vmax = None, alpha = None, linewidths = None, *, edgecolors = None,\
plotnonfinite = False, data = None, **kwargs])
```

说明:可选参数可有可无,其中部分参数的含义说明如下。

x, y:相同长度的数组,即绘制散点图的数据。

s:散点大小,可以是实数或大小为 N 的数组,默认为 20。

c:散点颜色,值为固定颜色或者颜色数组,默认是蓝色'b'。

marker:散点样式,默认是'o',表示圆点,可选的参数有'o'(圆圈)、'+'(加号)、'*'(星号)、'.'(点)、'x'(叉号)、's'(方形)、'd'(菱形)、'^'(上三角)、'v'(下三角)、'>'(右三角)、'<'(左三角)、'p'(五角星)、'h'(六角星)、'none'(无标记)。

alpha:散点透明度,介于 0(透明)和 1(不透明)之间。

linewidths:线宽,可选参数。

edgecolors：轮廓颜色。

示例：将上面的例子用散点图表示，如图 9-12 所示。

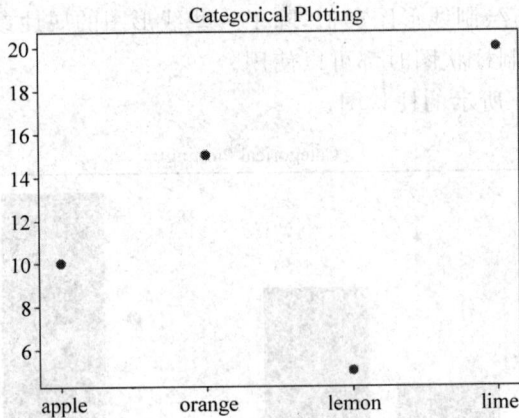

图 9-12　散点图

```
import matplotlib.pyplot as plt

data = {'apple': 10, 'orange': 15, 'lemon': 5, 'lime': 20}    #字典
listX = list(data.keys())                                     #字典键作为 X 坐标
listY = list(data.values())                                   #字典值作为 Y 坐标
plt.scatter(listX, listY)                                     #绘制散点图
plt.title('Categorical Plotting')                             #绘制图形标题
plt.show()                                                    #显示图形
```

9.1.6　绘制饼图

语法：

```
plt.pie(x, [explode = None, labels = None, colors = None, autopct = None, \
pctdistance = 0.6, shadow = False, labeldistance = 1.1, startangle = 0, radius = 1,\
counterclock = True, wedgeprops = None, textprops = None, center = (0, 0), frame = False,\
rotatelabels = False, * , normalize = None, data = None])
```

说明：可选参数可有可无，其中部分参数的含义如下。

explode：由每项凸出值组成的列表。0 表示不凸出。

labels：设置相对应数据的标签组成的列表。

colors：设置每一项颜色组成的列表。

autopct：每项百分比的格式，语法为"％格式 f％％"，例如，"％3.1f％％"表示整数占 3 位，小数占 1 位。

pctdistance：百分比数值与圆心的距离是半径的多少倍。默认为 0.6。

shadow：设置是否绘制阴影。默认为 False，表示图形没有阴影。

labeldistance：绘制饼图标签的径向距离。默认为 1.1，表示标签与圆心距离是半径 1.1 倍。

startangle：饼图起点从 X 轴逆时针旋转的角度，默认为 0 度。

示例：以 9 月家庭支出为例，绘制饼图，如图 9-13 所示。在 9 月家庭支出中，交通、育儿、饮食、房贷支出占比分别为 5％、20％、30％、45％，要求图项分别显示为红色(red)、橙色

（orange）、海绿色（seagreen）、紫红色（plum），图中需设置图项标题、图例的 label，且文字显示为黑体。

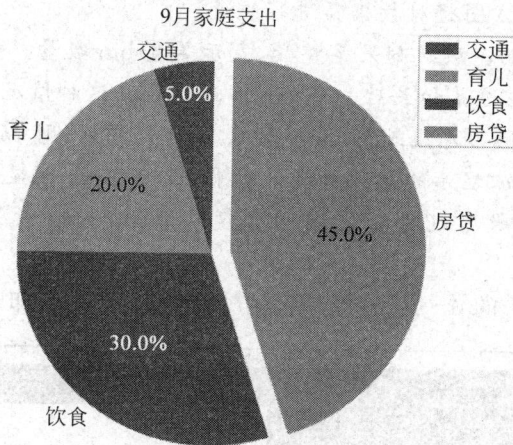

图 9-13　饼图

```
import matplotlib.pyplot as plt

plt.rcParams['font.sans - serif'] = ['SimHei']          # 使用的字体为黑体
sizes = [5, 20, 30, 45]
labels = ['交通', '育儿', '饮食', '房贷']
colors = ['red', 'orange', 'seagreen', 'plum']
explode = (0, 0, 0, 0.1)
plt.pie(
    sizes,
    explode = explode,
    labels = labels,
    colors = colors,
    labeldistance = 1.05,
    autopct = '%3.1f%%',
    startangle = 90,
    pctdistance = 0.6
)
plt.title('9 月家庭支出')
plt.axis('equal')                                       # X、Y 轴刻度等长，即正圆
plt.legend()
plt.show()
```

9.1.7　绘制直方图

直方图与柱状图外观表现很相似，但直方图通常用来衡量连续变量的概率分布。在构建直方图之前，需要先定义好 bin 的值（默认为 10），也就是说，需要先把连续值划分成不同等份，然后计算每一份里面数据的数量。

语法：

```
plt.hist(x, [bins = None, range = None, density = False, weights = None,\
cumulative = False, bottom = None, histtype = 'bar', align = 'mid', orientation = 'vertical',\
rwidth = None, log = False, color = None, label = None, stacked = False, * ,\
```

```
data = None, ** kwargs])
```

说明：可选参数可有可无，其中部分参数的含义如下。

x：数据集，最终的直方图将对数据集进行统计。

bins：即每张图柱子的个数。如果是整数，表示等宽 bin 数量。如果是序列，它定义 bin 的边界，包括第一个 bin 左边界和最后一个 bin 右边界。在这种情况下，bin 间距可能不等。

range：显示的区间，值为元组或 None。如果 bins 是序列，则 range 无效。

density：默认为 False，显示的是频数统计结果，设为 True 则显示频率统计结果。要注意，频率统计结果＝区间数目/(总数×区间宽度)，和 normed 效果一致，官方推荐使用 density。

示例：随机生成 10 个的 0～20 的数，用直方图展示其频率分布情况，如图 9-14 所示。

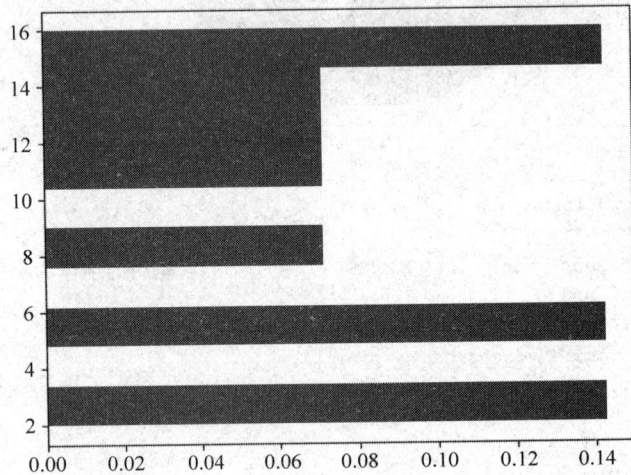

图 9-14　直方图

```
import numpy as np
import matplotlib.pyplot as plt

# 随机生成 10 个 0～20 的数
x = np.random.randint(0,20,10)
# 绘制直方图
plt.hist(x,density = True,orientation = 'horizontal',color = 'g')
# 显示图形
plt.show()
```

注意：生成数是随机的，影响概率分布，所以每次运行产生的图形效果也不一样。

9.1.8　画布和子图

了解基本绘图方法后，下面介绍如何在一张画布中实现多个子图。前面图形绘制基本采用 Pyplot(函数式编程)方式实现，下面以 OO(面向对象)的方式进行编程。

1. 创建画布

语法：

```
fg = plt.figure (num = None, figsize = None, dpi = None, facecolor = None,\
edgecolor = None, frameon = True)
```

参数说明如下。

num：表示图像编号或名称。

figsize：指定 figure 的宽和高，单位为英寸。

dpi：指定绘图对象的分辨率，即每英寸多少像素，默认值为 80。

facecolor：表示背景颜色。

edgecolor：表示边框颜色。

frameon：表示是否显示边框。

使用画布对象创建子图的语法格式如下。

```
ax = fg. add_subplot (nrows,ncols,index, ** kwargs)
```

以上语法表示子图将在具有 nrows 行和 ncols 列的网格上占据索引(index)位置。

设置子图对象的常用方法如下。

```
ax.bar(xxx, … )                               ♯绘制柱状图
ax.set_title('标题', fontsize = 字体大小)        ♯设置画布标题
ax.set_xlabel('x 轴标签', fontsize = 字体大小)    ♯设置 X 轴标签
ax.set_ylabel('y 轴标签', fontsize = 字体大小)    ♯设置 Y 轴标签
```

2. 绘制规则分布的子图

示例：创建 1 个画布与 4 个子图，如图 9-15 所示。

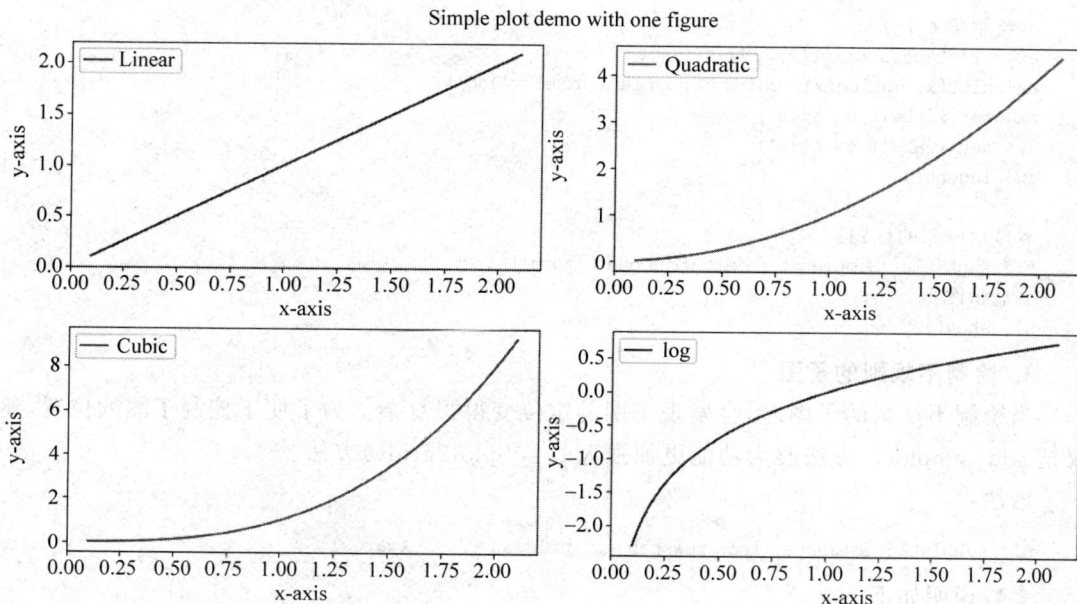

图 9-15　规则子图

```
import matplotlib.pyplot as plt
import numpy as np

♯新建画布
fig = plt.figure()
♯生成 200 个 0.1～2.1 的非零等差数列,对数函数 log 不能取 0
x = np.linspace(0,2,200) + 0.1
```

```
#在2行2列的第1个子图区域进行绘图
ax1 = fig.add_subplot(2,2,1)
#绘制蓝色的线形图
ax1.plot(x, x, color = 'blue', label = 'Linear')
#设置X、Y坐标轴标题
ax1.set_xlabel('x - axis')
ax1.set_ylabel('y - axis')
#显示图例名称label
ax1.legend()

#绘制第2个子图
ax2 = fig.add_subplot(2,2,2)
ax2.plot(x, x ** 2, color = 'red', label = 'Quadratic')
ax2.set_xlabel('x - axis')
ax2.set_ylabel('y - axis')
ax2.legend()

#绘制第3个子图
ax3 = fig.add_subplot(2,2,3)
ax3.plot(x, x ** 3, color = 'green', label = 'Cubic')
ax3.set_xlabel('x - axis')
ax3.set_ylabel('y - axis')
ax3.legend()

#绘制第4个子图
ax4 = fig.add_subplot(2,2,4)
ax4.plot(x, np.log(x), color = 'purple', label = 'log')
ax4.set_xlabel('x - axis')
ax4.set_ylabel('y - axis')
ax4.legend()

#显示画布的标题
fig.suptitle('Simple plot demo with one figure')
#显示图形
plt.show()
```

3. 绘制不规则的子图

当绘制不规则的子图时，会发现子图的定位变得很复杂。为了便于控制子图的位置，建议把 add_subplot()方法改为功能更加强大的 subplot2grid()方法。

语法：

```
plt.subplot2grid(shape, loc, rowspan = 1, colspan = 1, * kwargs)
```

参数说明如下。

shape：指定网格形状，如(3,4)表示3行4列的网格。

loc：指定位置，如(0,0)表示第1行第1列。

rowspan：表示占用几行，这个参数类似于 HTML 表格中的行合并。

colspan：表示占用几列，这个参数类似于 HTML 表格中的列合并。

示例：创建如图 9-16 所示的不规则子图。把画布区域分成2行3列的网格，第一个子图占1行2列，第二个子图占2行1列，第三个子图占1行2列。

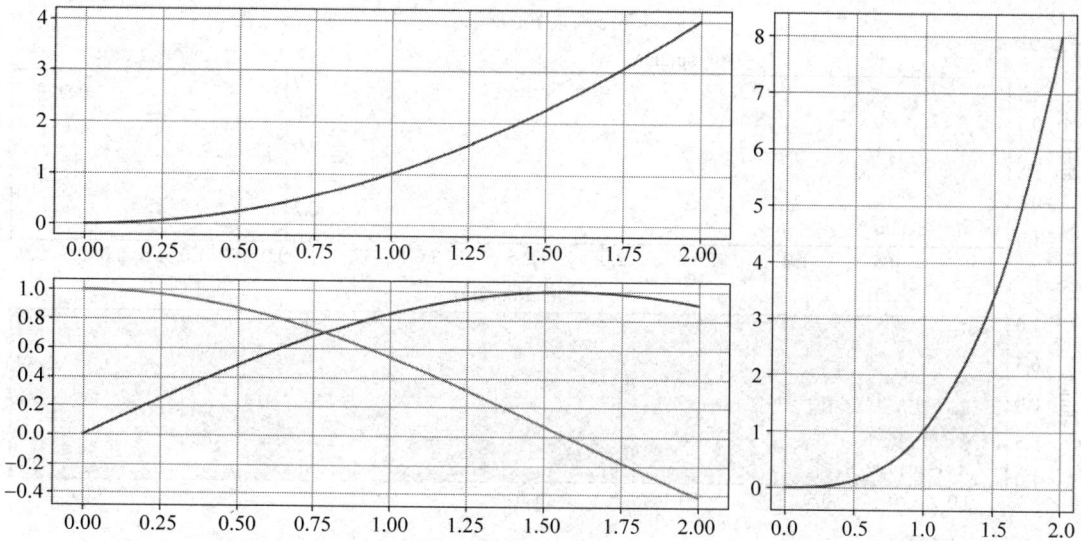

图 9-16　不规则子图

```
import matplotlib.pyplot as plt
import numpy as np

x = np.linspace(0,2,200)                ＃生成 200 个 0～2 之间数的等差数列
fig = plt.figure()                      ＃创建画布
＃构建 2×3 的区域,在起点(0, 0)处开始,在跨域 1 行 2 列的位置区域绘图
ax1 = plt.subplot2grid((2, 3), (0, 0), rowspan = 1, colspan = 2)
plt.plot(x, x ** 2)                     ＃绘制图形
plt.grid()                              ＃生成网格

＃构建 2×3 的区域,在起点(0, 2)处开始,在跨域 2 行 1 列的位置区域绘图
ax2 = plt.subplot2grid((2, 3),(0, 2), rowspan = 2, colspan = 1)
plt.plot(x, x ** 3)
plt.grid()

＃构建 2×3 的区域,在起点(1, 0)处开始,在跨域 1 行 2 列的位置区域绘图
ax3 = plt.subplot2grid((2, 3), (1, 0), rowspan = 1, colspan = 2)
plt.plot(x, np.sin(x))
plt.plot(x, np.cos(x))
plt.grid()
＃显示图形
plt.show()
```

9.1.9　拓展练习

【任务描述】

使用 Matplotlib 绘制图形,在同一个画布中创建 3 个子图区域,分别在子区域的坐标系中绘制图形,最终效果如图 9-17 所示。

（1）将画布分成上下两层,上层区域 1 和区域 2 占比 2：1,下层区域 3 占下层整个区域。

（2）区域 1 绘制描述函数 $\sin(2\pi t)$ 的图形,区域 2 绘制 e-t 图形,区域 3 绘制 $\cos(2\pi t)$ 图

189

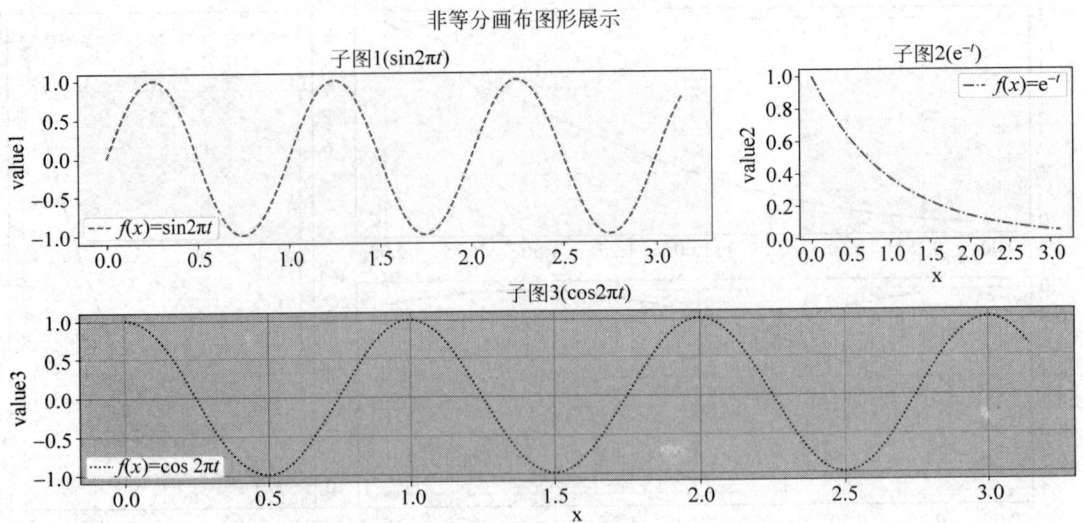

图 9-17　非等分画布图形

形,自变量取值区间均为[0,np. pi],每隔 0.01 取一次值。

（3）区域 1 背景颜色为'♯FFDAB9',图形为红色。区域 2 背景颜色为'♯FFE4C4',图形为绿色。区域 3 背景颜色为'♯FF7F50',透明度为 0.5,画布背景色为'♯FFFAFA'。

（4）给每个子图添加表示函数的标题,整个画布添加标题为"非等分画布图形展示"。

（5）调整子区域之间的间隔,使坐标轴之间刻度不重叠,调整画布标题到合适位置。

（6）区域 3 显示网格线。

【任务分析】

（1）利用系统函数自动生成图形的列表数据,涉及的函数有 np. arange()、np. sin(2 * np. pi * t)、np. exp(-t)、np. cos(2 * np. pi * t)。

（2）使用 plt. suptitle()给画布添加标题,使用 ax. set_title()给子图添加标题。

（3）公式输出:Matplotlib 中自带的 TeX 功能可以实现对数学表达式的支持,当图形中需要添加带有数学公式的文本时很有用,用一对 $ $ 符号包围起来的格式来书写字符串,Matplotlib 自动按照 TeX 规范进行解析,例如 π 将被渲染成希腊字母 π。

（4）plt. subplot2grid()函数返回子图 Axes,而子图 Axes 有个属性 patch,保存子图 Axes 的背景对象,通过 patch 的 set_facecolor()方法设置画布的背景颜色,通过 patch 的 set_alpha()方法设置画布背景的透明度。

【任务实现】

```
import matplotlib.pyplot as plt
import numpy as np

plt. rcParams['font.family'] = 'SimHei'          # SimHei 表示黑体
plt. rcParams['axes.unicode_minus'] = False      # 正常显示负数
x = np. arange(0, np. pi, 0.01)                   #生成等差数列
y1 = np. sin(2 * np. pi * x)                      #子图 1:正弦函数
y2 = np. exp(- x)                                 #子图 2:指数函数
y3 = np. cos(2 * np. pi * x)                      #子图 3:余弦函数
#初始设置
```

```
fig = plt.figure(figsize = (8,6), dpi = 100, facecolor = '#FFFAFA')          #创建画布
plt.suptitle('非等分画布图形展示', fontsize = 24)                              #设置画布标题

# 绘制第 1 个子图
ax1 = plt.subplot2grid((2, 3), (0, 0), colspan = 2)          #2 行 3 列,绘图从(0, 0)开始,合并 2 列
ax1.set_title('子图 1( $ \\sin{2\\pi t} $ )')                #设置子图标题
ax1.set_xlabel('x')                                          #设置子图 X 轴标题
ax1.set_ylabel('value1')                                     #设置子图 Y 轴标题
ax1.plot(x, y1, '--', label = ' $ f(x) = \\sin{2\\pi t} $ ', color = 'red')
                                                             #绘制正弦曲线,红色虚线
ax1.patch.set_facecolor('#FFDAB9')                           #设置画布背景颜色
ax1.patch.set_alpha(0.5)                                     #设置透明度为 0.5
ax1.legend()                                                 #显示图例名称 label

#绘制第 2 个子图
ax2 = plt.subplot2grid((2, 3), (0, 2))
ax2.set_title('子图 2( $ e^{ - t} $ )')
ax2.set_xlabel('x')
ax2.set_ylabel('value2')
ax2.plot(x, y2, '-.', label = ' $ f(x) = e^{ - t} $ ', color = 'green')
ax2.patch.set_facecolor('#FFE4C4')
ax2.patch.set_alpha(0.5)
ax2.legend()

#绘制第 3 个子图
ax3 = plt.subplot2grid((2, 3), (1, 0), colspan = 3)
ax3.grid(True, linestyle = '-', c = '#70A19F')              # 设置网格线
ax3.set_title('子图 3( $ cos{2\\pi t} $ )')
ax3.set_xlabel('x')
ax3.set_ylabel('value3')
ax3.plot(x, y3, ':', label = ' $ f(x) = cos{2\\pi t} $ ', color = 'black')
ax3.patch.set_facecolor('#FF7F50')
ax3.patch.set_alpha(0.5)
ax3.legend()

plt.tight_layout()                                           # 自动调整子图参数,使之填充整个图像区域
plt.show()                                                   #显示图形
```

9.2　词　云　图

　　词云图(WordCloud)的主要用途是将文本数据中出现频率较高的关键词,以可视化的形式展现出来,使人一眼就可以领略文本数据的主要表达意思。词云图中,词的大小代表了其词频,越大的字代表其出现频率更高。

　　生成词云图主要步骤分 3 步。

　　(1) 对待分析的文本数据进行分词。由于文本数据都是一段一段的,所以第一步要将这些句子或者段落划分成词,这个过程称为分词,需要用到 Python 的 jieba 分词库。

　　(2) 分词之后,需根据分词结果生成词云,这个过程需要用到 wordcloud 词云库。

　　(3) 将生成的词云进行图形可视化,需要用到 Matplotlib 绘图库。

9.2.1 安装第三方库

生成词云图,需要安装相应的第三方库,可通过 pip3 命令进行安装。

```
pip3 install jieba                  #中文分词库
pip3 install pillow                 #图像处理库
pip3 install wordcloud              #词云库
```

在安装 wordcloud 过程中,很容易出错。建议到 Python 社区或 PyPI 官网中下载 whl 安装包进行安装。这种方法对所有的第三方库安装都适用。

wordcloud 下载地址如下:

```
https://www.lfd.uci.edu/~gohlke/pythonlibs/#wordcloud
https://pypi.org/project/wordcloud/#files
```

注意:一定要下载与本机的 Python 版本所对应的 whl。例如,本机安装 Python 3.9,且操作系统为 64 位 Windows 系统,应选择 wordcloud-1.8.1-cp39-cp39-win_amd64.whl,如图 9-18 所示。

Wordcloud: a little word cloud generator.
- wordcloud-1.8.1-pp37-pypy37_pp73-win_amd64.whl
- wordcloud-1.8.1-cp310-cp310-win_amd64.whl
- wordcloud-1.8.1-cp310-cp310-win32.whl
- wordcloud-1.8.1-cp39-cp39-win_amd64.whl
- wordcloud-1.8.1-cp39-cp39-win32.whl
- wordcloud-1.8.1-cp38-cp38-win_amd64.whl
- wordcloud-1.8.1-cp38-cp38-win32.whl
- wordcloud-1.8.1-cp37-cp37m-win_amd64.whl
- wordcloud-1.8.1-cp37-cp37m-win32.whl

图 9-18 wordcloud 的 whl 文件下载

安装命令为 pip3 install wordcloud-1.8.1-cp39-cp39-win_amd64.whl。安装完成后,可以用 pip3 list 命令查看安装是否成功。在安装过程中,也有可能需要先升级 pip3 包管理器,使用命令 pip3 install --upgrade pip。

9.2.2 生成词云图

1. 生成简单的词云图

词云的大小、颜色、形状等都是可以设定的。默认形状是长方形。以腾讯招聘数据(tencent.csv)为例,生成需求词云图。腾讯招聘数据结构如图 9-19 所示。

category	lastUpdateTime	location	postName	requirement	responsibility
产品	2021年7月13日	深圳	45322-SSV-腾讯乡村振兴知识分享平台系统架构师(深圳)	1、大学本科以上学历,5年以上互联网领域相关工作经验,有大型互联网服务产品、知识分享类平台产品项目工作经验,有项目管理经验优先; 2、熟悉和了解web开发、后台开发和中台开发流程; 3、有大型项目规划、实施、运营经验;熟悉云原生组件、系统部署、架构、系统管理经验;	1、负责"耕耘者"振兴计划知识分享平台底层系统的设计、开发; 2、负责将业务逻辑抽象成底层的技术框架和组件,提升开发团队的工作效率; 3、负责制定技术团队的研发规范,并推动研发规范落地,在团队中推广良好的 4、负责为项目制定合理的技术方案,将各个独立模块有机组合起来,高效、准 务逻辑。
技术	2021年8月9日	北京	18302-全球知名IP新手游-UE4高级客户端开发(系统架构师方向)(北京/深圳)	扎实的计算机编程基础,三年以上C++或者C#使用经验,熟练使用lua; 了解lua或者python语言的虚拟机原理,有为游戏接入并优化脚本的经验; 具备大型已上线游戏整体系统架构或者关键模块架构经验;	设计,实现和维护整个游戏的系统设计框架,提供模块解耦方式,基础通用功能 网络层,异步加载等。支持并优化系统开发中每个工种的工作流程,包括但不限 layout,版本发布,测试; 根据需求设计并实现重点系统,并提供关联复杂的配置编辑,自动检查,可测试 案; 带领和培养其他系统组同学,把控关键模块的代码review,并不断优化编码复
产品	2021年8月14日	深圳	21309-在线教育一智能运营系统架构师/产品架构师(深圳)	1.本科以上学历,3年以上相关行业经验,对互联网运营产品有深刻理解,具备扎实的产品设计基础,具备较强的产品数据分析能力; 2.优秀的抽象和业务理解能力,具备全局业务视角; 3.对产品和业务逻辑敏感,思路清晰,对数据敏感,善于发现问题并主动解决问题; 3.出色的沟通合作能力,清晰目标导向,高度自驱,能够有效跨部门协调产品目标落地;	1.规划和搭建腾讯在线教育运营平台的基础能力和数据服务,复用多个业务, 需求调研、方案设计以及协调各方资源推动平台能力的上线和开放; 2.负责与各业务方对接,完善流程以及工具链,推动中台方向产品的整体接入工 3.深入理解社群运营产品的核心诉求,系统化、中台化地制定社群运营产品的 4.在完整产品生命周期中独立跟进项目,以目标为导向,把握项目节奏,快速 现和方案交付; 5.对产品效果负责,确认产品功能/流程,撰写需求文档,最终高质量输出产品 層;

图 9-19 腾讯招聘信息(tencent.csv)

读取 CSV 格式的文件,需要使用 Pandas。

语法:

```
pandas.read_csv(filepath, sep = ', ', engine = None, encoding = None, … )
```

参数说明如下。

filepath:文件路径。

sep:分隔符,默认为逗号。

engine:解析引擎,C 或者 Python。C 引擎更快,Python 引擎则功能更加完美。

encoding:数据的编码方式,常见有 UTF-8、GBK、ANSI 等。

返回值:DataFrame。

例如:

```
df = pd.read_csv('tencent.csv', encoding = 'utf - 8')      # 文件编码 UTF - 8
df = pd.read_csv('tencent.csv', encoding = 'ANSI')         # 文件编码 ANSI
```

注意:在使用 pd.read_csv()读取 CSV 数据时,有时候会报错。问题可能出在读取的编码与文件保存的编码不匹配。确定文件编码的方法:用记事本打开数据文件,查看显示在窗口右下角位置的编码方式,如图 9-20 所示。

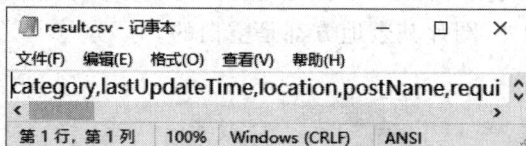

图 9-20　CSV 文件的编码方式

示例:根据提供的腾讯招聘数据(tencent.csv),生成需求词云图,如图 9-21 所示,文件编码方式为 ANSI。

```
import jieba
import pandas as pd
from wordcloud import WordCloud
import matplotlib.pyplot as plt


# 读取 DataFrame 数据
df = pd.read_csv('tencent.csv', encoding = 'ANSI')
# 获取需求列(requirement)的数据并拼成一个字符串,去除换行符与空格
requ = df['requirement'].values
requ_str = ''.join(requ).replace('\n', '').replace('\u3000', '')
# 通过 jieba 分词
jieba_split = jieba.cut(requ_str)
# print(jieba_split)
text = ''.join(jieba_split)
# 创建词云图对象,stopwords 过滤不需要的词语,collocations = False 删除重复词语
stopwords = ['的', '和', '者', '有', '等', '以上']
wc = WordCloud(font_path = 'STHUPO.TTF', stopwords = stopwords, collocations = False, background_
color = 'white')
# 生成词云图
word_image = wc.generate(text)
# 运用 matplotlib 展现词云,figsize 设置图形的宽高
plt.subplots(figsize = (12,8))
```

```
＃显示词云图
plt.imshow(word_image)
＃关闭坐标
plt.axis('off')
＃显示图形
plt.show()
```

图 9-21　简单词云图

2. 生成指定形状的词云图

（1）如果想生成带特定形状（图 9-22）的词云图（图 9-23），首先需要准备一张该形状的图片，要求除了目标形状外，图片其余地方都是空白的。

图 9-22　指定形状图形（金鱼）

图 9-23　生成特定形状的词云图

（2）读取待分析的数据。

```
import pandas as pd
df = pd.read_csv('tencent.csv', engine = 'python', encoding = 'ANSI')
print(df)
```

显示读取到的信息，可以用 print() 语句输出，也可以用调试方式进行。如果选择调试，可以在 print() 语句左侧，单击设置断点。若设置成功，则该行语句左侧显示一个红点。单击右上角的绿色 图标，可进行单步调试，程序遇到断点处会暂停运行，如图 9-24 所示。

在 Debug 窗口的 Variables 窗格上，位于第一行信息后面，有个 View as DataFrame 选项，单击可查看获取到的 DataFrame 数据，如图 9-25 所示。

（3）生成词云图。词云图对象常用的参数如表 9-2 所示。

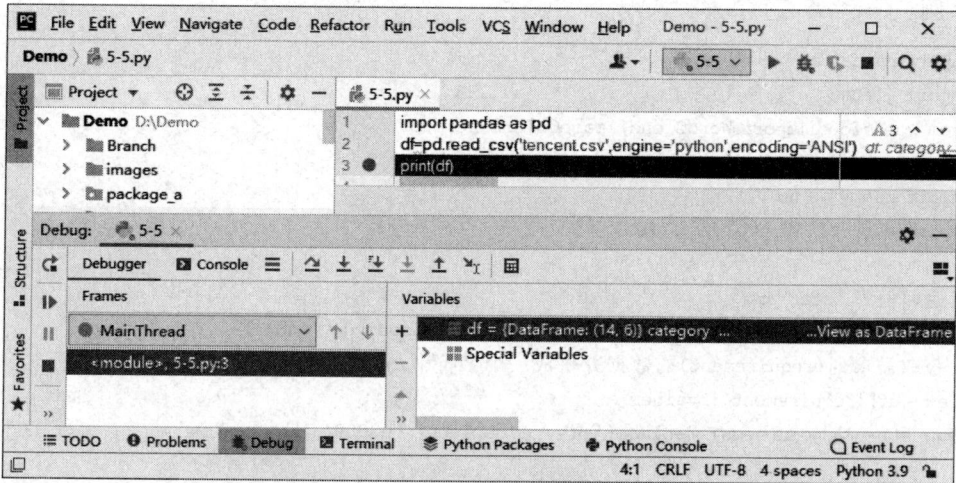

图 9-24　调试

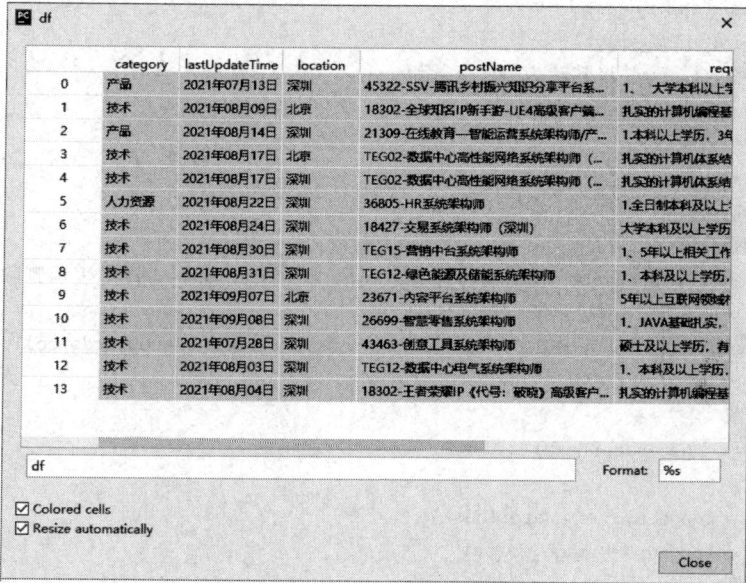

图 9-25　View as DataFrame 对话框

表 9-2　生成词云对象常用的参数

方　法	说　明	方　法	说　明
width	指定词云图的宽度	font_path	指定字体路径,默认为空
height	指定词云图的高度	max_words	指定词云显示的最大单词数量,默认为 200
min_font_size	最小字号,默认是四号	stop_words	指定词云中排除词列表,即不显示的单词列表
max_font_size	最大字号	mask	指定词云的形状,默认为长方形
font_step	指定词云中词语步进间隔,默认为 1	background_color	指定图片的背景颜色

195

示例:

```python
import pandas as pd
import jieba
from wordcloud import WordCloud, ImageColorGenerator
from PIL import Image
import numpy as np
import matplotlib.pyplot as plt

# 返回值为 DataFrame
df = pd.read_csv('tencent.csv', engine = 'python', encoding = 'ANSI')
# 获取需求列(requirement)的数据并拼成一个字符串,去除换行符与空格
requ = df['requirement'].values
requ_str = ''.join(requ).replace('\n', '').replace('\u3000', '')

# 通过 jieba 分词
jieba_split = list(jieba.cut(requ_str))
# print(jieba_split)
text = ' '.join(jieba_split)
# 读取词云图的模板,并将其转为 NumPy 数组
mask = Image.open('fish.png')
mask = np.array(mask)
# print(mask)
# print(mask.shape)
# 创建词云图对象
# mask 词云图模板, stopwords 表示需要过滤的词语, collocations = False 表示删除重复的词语
stopwords = ['的', '和', '者', '有', '等', '以上']
wc = WordCloud(font_path = 'STHUPO.TTF', mask = mask, stopwords = stopwords, collocations = False,
background_color = 'white')
# 生成词云图
word_image = wc.generate(text)
# 重新着色
image_color = ImageColorGenerator(mask)
wc.recolor(color_func = image_color)
# 显示词云图
plt.imshow(word_image)
# 关闭坐标
plt.axis('off')
# 显示图形
plt.show()
```

9.2.3   代码优化

对代码进行封装,优化后的代码如下。

```python
import pandas as pd
import jieba
from wordcloud import WordCloud, ImageColorGenerator
from PIL import Image
```

```python
import numpy as np
import matplotlib.pyplot as plt

def get_cloud_image(data, label):
    # 把参数 data 数据拼成一个字符串, 去除换行符与空格
    requ_str = ''.join(data).replace('\n', '').replace('\u3000', '')

    # 通过 jieba 分词
    jieba_split = list(jieba.cut(requ_str))
    text = ' '.join(jieba_split)
    # 读取词云图的模板, 并将其转为 NumPy 数组
    mask = Image.open('fish.png')
    mask = np.array(mask)
    # 创建词云图对象
    # mask 词云图模板, stopwords 表示过滤的词, collocations = False 表示删除重复词语
    stopwords = ['的', '和', '者', '有', '等', '以上']
    wc = WordCloud(font_path = 'STHUPO.TTF', mask = mask, stopwords = stopwords, collocations =
False, background_color = 'white')
    # 生成词云图
    word_image = wc.generate(text)
    # 重新着色
    image_color = ImageColorGenerator(mask)
    wc.recolor(color_func = image_color)
    # 显示词云图
    plt.imshow(word_image)
    # 关闭坐标
    plt.axis('off')
    # 保存图形
    plt.savefig('{}.png'.format(label))
    # 显示图形
    plt.show()


def main():
    # 读取 DataFrame
    df = pd.read_csv('tencent.csv', engine = 'python', encoding = 'ANSI')
    # 需求词云图
    data1 = df['requirement'].values
    get_cloud_image(data1, '腾讯招聘 - 需求词云图')
    # 职责词云图
    data2 = df['responsibility'].values
    get_cloud_image(data2, '腾讯招聘 - 职责词云图')
    # 岗位地点词云图
    data3 = df['location'].values
    get_cloud_image(data3, '腾讯招聘 - 岗位地点词云图')


if __name__ == '__main__':
    main()
```

本 章 小 结

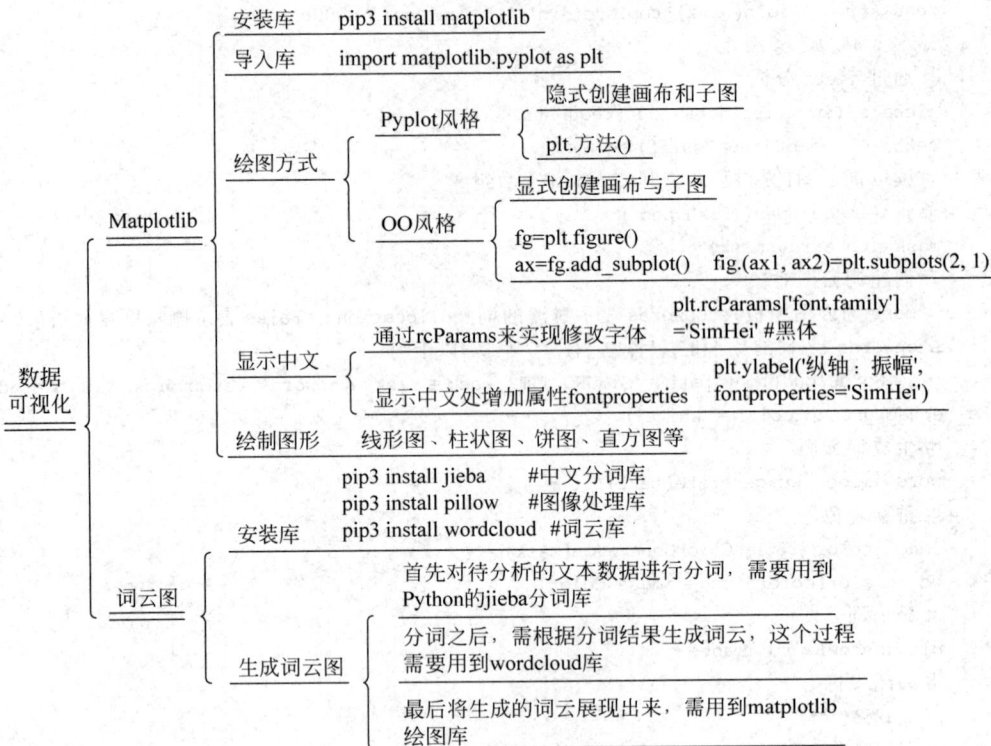

习　题　9

编程题

（1）如图 9-26 所示，生成 3 行 4 列的 DataFrame，显示列标题，然后删除其中 2 列。

```
    A B C          A
0 0 1 2        0  0
1 3 4 5        1  3
```

图 9-26　DataFrame 源数据及删除后的数据

（2）绘制图 9-27 所示的图形，line1 的坐标点为 listX1＝[1,5,7,9,12,16]、listY1＝[70,50,65,50,70,40]；line2 的坐标点为 listX2＝[0,3,8,12,15]、listY2＝[60,35,90,55,72]。要求显示对应的标题与图例名称，并能保存为 test.png 图片文件。

（3）绘制零花钱统计的柱状图，效果如图 9-28 所示。

其中，男性（listx1＝[1,5,7,9,13,16]、listy1＝[15,50,80,40,70,50]），女性（listx2＝[2,6,8,11,14,16]、listy2＝[10,40,30,50,80,60]），要求显示相应的标题。

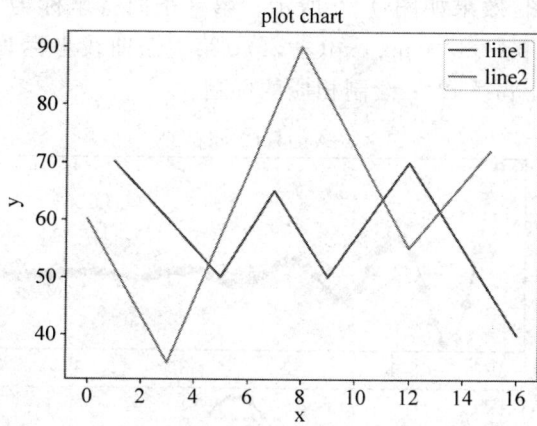

图 9-27　线形图

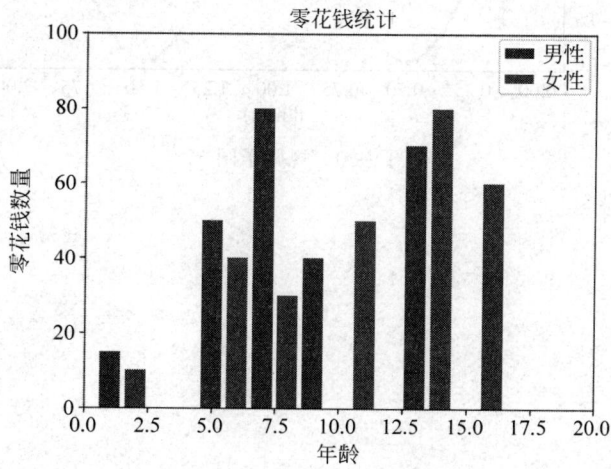

图 9-28　零花钱柱状图

（4）绘制散点图，效果类似图 9-29 所示。取 10 个随机数（x＝np. random. rand(10)，y＝np. random. rand(10)）画出散点。

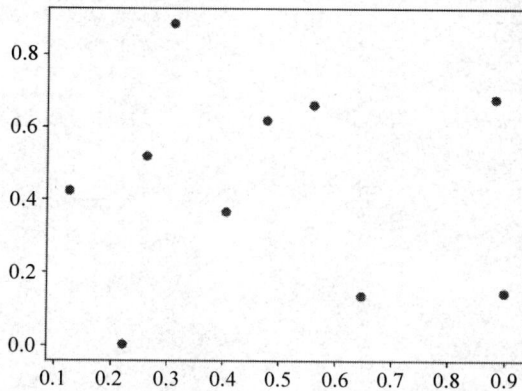

图 9-29　散点图

（5）创建画布与子图,效果如图 9-30 所示。第一条曲线坐标为 x1＝np. linspace(0.0, 5.0)、y1＝np. cos(2 * np. pi * x1) * np. exp(－x1)；第二条曲线坐标为 x2＝np. linspace(0.0, 2.0)、y2＝np. cos(2 * np. pi * x2)；绘制相应的标题。

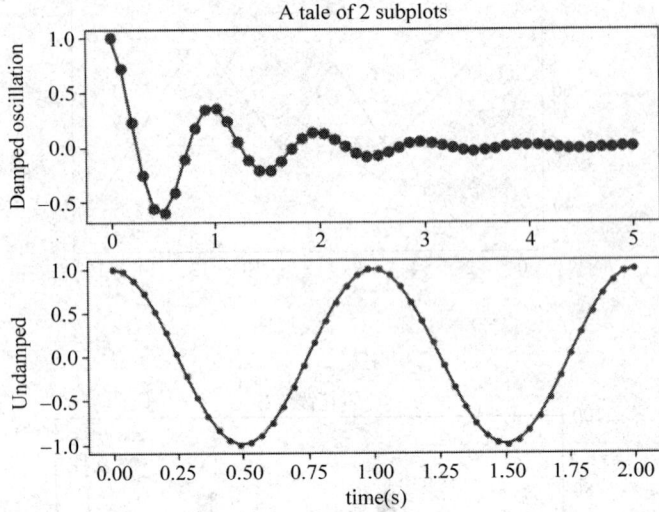

图 9-30　规则子图

参 考 文 献

[1] 邓文渊.毫无障碍学 Python[M].北京：中国水利水电出版社,2017.

[2] 张健.Python 编程基础[M].北京：人民邮电出版社,2018.

[3] 沈祥壮.Python 数据分析入门——从数据获取到可视化[M].北京：电子工业出版社,2018.

[4] 周志化.Python 编程基础[M].上海：上海交通大学出版社,2019.

[5] 黄申.程序员的数据基础课——从理论到 Python 实践[M].北京：人民邮电出版社,2021.

[6] 刘硕.精通 Scrapy 网络爬虫[M].北京：清华大学出版社,2017.

[7] 齐文光.Python 网络爬虫实例教程[M].北京：人民邮电出版社,2022.

[8] 刘春茂.Python 程序设计案例课堂[M].北京：清华大学出版社,2017.